스타일리시한 코바늘 손뜨개 디자인 30

에코안다리아로 만드는 모자와 가방

30 designs of bag and hat

지금이책

CONTENTS

01 HAT

여름 하늘에 빛나는 인상적인 녹색 모자.
리넨&코튼 실로 뜬 레이스 리본이
멋내기 포인트입니다.

{design} 우노 지히로
{yarn} 하마나카 에코안다리아
하마나카 플랙스Ly
{how to make} P.40

02 BAG

적당히 속이 들여다보이는 느낌이 매력적인 원형 백.
둥근 옆면 두 장을 떠서 바닥면과 연결했습니다.
스웨이드 태슬을 달아서
요즘 유행하는 스타일로 완성했습니다.

{design} 하시모토 마유코
{yarn} 하마나카 에코안다리아
{how to make} P.42

A
B

03 HAT

볼륨 있는 검은 리본으로 장식한 여성스러운 모자.
리본의 위치를
그날의 기분에 따라 바꿔보세요.

{design} MICOTO
{yarn} 하마나카 에코안다리아
{how to make} P.44

04 BAG

짧은뜨기 교차뜨기로 만든
볼록한 뜨개바탕이 특징인 어깨끈이 하나인 숄더백.
블랙 컬러를 선택하면 어른스러운 분위기를 연출할 수 있습니다.

{design} 하시모토 마유코
{yarn} 하마나카 에코안다리아
{how to make} P.46

05 BAG

편물용 프레임을 사용한 파우치백.
고급스러운 색의 조합과
옆으로 긴 실루엣이 매력적입니다.

{design} 이나바 유미
{yarn} 하마나카 에코안다리아
{how to make} P.48

06 BAG

사각형 모티프를 연결해서
만드는 원통 모양의 가방.
서로 연결하면 마름모 모양으로 나타나는
성긴 코의 무늬가 예쁩니다.

{design} 이나바 유미
{yarn} 하마나카 에코안다리아
{how to make} P.50

07 HAT

에코안다리아 '크로셰'로 뜬 챙이 넓은 모자는 머리에 썼을 때의 실루엣이 특히 예쁩니다.
챙에 테크노로트 와이어를 감아서 떴기에 모양을 마음대로 잡을 수 있습니다.

{design} Knitting.RayRay
{making} 스즈키 고토에
{yarn} 하마나카 에코안다리아 '크로셰'
{how to make} P.52

08 BAG

아담해서 귀여운 체크무늬 가방.
A는 납작한 타입, B는 바닥 폭이 있는 타입입니다.

{design} 우노 지히로
{yarn} 하마나카 에코안다리아
{how to make} P.54

09 BAG

앞걸어뜨기로 만들어내는 입체적인 나뭇잎 무늬.
뜨기도 즐거운 참신한 디자인입니다.

{design} 하시모토 마유코
{yarn} 하마나카 에코안다리아
{how to make} P.56

10 CAP

캐주얼을 선호하는 사람에게 추천하는
심플한 챙이 달린 캡입니다.
실 두 가닥으로 떠서 두께감이 적당하며
착용감도 뛰어납니다.

{design} 하시모토 마유코
{yarn} 하마나카 에코안다리아
{how to make} P.58

11 BAG

인기 있는 복조리 가방을 숄더백 타입으로
들고 다니기 편하게 만들었습니다.
가죽 바닥을 사용해서
모양이 딱 잡히게 완성했습니다.

{design} Knitting.RayRay
{making} 스즈키 고토에
{yarn} 하마나카 에코안다리아
{how to make} P.60

White Rock
SPARKLING BEVERAGES

12 BERET

둥근 형태가 귀여운 베레모입니다.
반드시 포인트 색인 노란색이
살짝 엿보이게 쓰세요.

{design} MICOTO
{yarn} 하마나카 에코안다리아
{how to make} P.59

13 BAG

손으로 들기만 해도 여름 기분이 물씬 풍기는
선명한 초록색으로 뜬 토트백.
손잡이를 뜨는 방법이 포인트입니다.

{design} 아오키 에리코
{yarn} 하마나카 에코안다리아
{how to make} P.62

14 BAG

테두리에 손잡이용 면 끈을 끼워 넣어
감싸서 뜬 금색 가방.
견고해서 짐을 잔뜩 넣어도
안심할 수 있습니다.

{design} 아오키 에리코
{yarn} 하마나카 에코안다리아
{how to make} P.64

15 BAG

동글동글한 형태가 귀여운 마르셰백.
조개뜨기와 교차뜨기를 한 단씩 배색해 짜서
조개껍데기를 닮은 무늬가 완성되었습니다.

{design} 후카세 도모미
{yarn} 하마나카 에코안다리아
{how to make} P.66

16 HAT

윗부분을 평평하게 짠 고급 보터.
검은 리본으로 스타일리시하게 연출하세요.

{design} 기도 다마미
{yarn} 하마나카 에코안다리아
{how to make} P.68

17 BAG

작은 파인애플 무늬를 나열한 그래니백.
어깨에 멜 수 있어서
실용성도 뛰어납니다.

{design} 기도 다마미
{yarn} 하마나카 에코안다리아
{how to make} P.70

18 BAG

데일리 백으로 사용하고 싶은
베이지&블랙 카고백.
측면의 콧수를 조금 늘리면
둥그스름한 실루엣이 나타납니다.

{design} 아오키 에리코
{yarn} 하마나카 에코안다리아
{how to make} P.72

19 CLUTCH BAG

여름철 초대받은 자리에 딱 어울리는
리본 모양의 가방.
손잡이를 떼면 클러치백이 되기도 하는
투웨이 디자인입니다.

{design} 하시모토 마유코
{yarn} 하마나카 에코안다리아
{how to make} P.74

20 HAT

매니시룩에 착용하고 싶은 중절모.
최대한 심플하게 떠서 멋진 모양으로 완성되도록 고안해낸 디자인입니다.

{design} MICOTO
{yarn} 하마나카 에코안다리아
{how to make} P.76

B

21 SUN VISOR

긴 챙이 햇빛을 막아주는 선바이저.
작게 말 수 있어서
휴대하기 편리합니다.

{design} 하시모토 마유코
{yarn} 하마나카 에코안다리아
{how to make} P.78

22 BAG

바닥을 네모나게 뜨고 콧수를 늘렸다 줄였다 해서
지그재그 무늬를 만듭니다.
단수가 적어서 순식간에 다 뜰 수 있습니다.

{design} 하시모토 마유코
{yarn} 하마나카 에코안다리아
{how to make} P.63

23 CLOCHE

윗부분을 조금 높게 만든
심플한 짧은뜨기 클로슈.
툭 걸쳐 써서 멋내기 포인트로 활용하세요.

{design} 노구치 도모코
{yarn} 하마나카 에코안다리아
{how to make} P.80

24 BAG

시크한 색을 조합한 어른을 위한 미니 토트백.
색을 알맞게 섞어가며 평평하게 뜬 뒤에
가방 형태로 조립합니다.

{design} 노구치 도모코
{yarn} 하마나카 에코안다리아
{how to make} P.82

25 HAT

성긴 코로 자연스럽게 무늬를 넣은
유행을 타지 않는 인기 디자인.
옆부분 외에는 기둥코 없이 둥글게 돌려가며 뜹니다.

{design} 기도 다마미
{yarn} 하마나카 에코안다리아
{how to make} P.81

26 BAG

세 가지 색상을 번갈아 뜬 마르셰백.
앞단을 감싸 빈틈없이 떠서 튼튼한 가방이 완성됩니다.
집 안에서 바구니로 사용해도 좋습니다.

{design} 기도 다마미
{yarn} 하마나카 에코안다리아
{how to make} P.84

27 HAT

솔잎뜨기로 만든 챙이 달린 모자는
부드럽고 여성스러운
분위기를 연출합니다.
여름 원피스와 매치해보세요.

{design} MICOTO
{yarn} 하마나카 에코안다리아
{how to make} P.86

28 BAG

앙증맞은 꽃무늬를 넣어 내추럴하고 귀여운 백.
구슬뜨기로 연속무늬를 뜨는 방법은 익히기도 즐거우니 꼭 도전해보세요.

{design} 가와이 마유미
{making} 세키타니 사치코
{yarn} 하마나카 에코안다리아
{how to make} P.88

29 BAG

존재감이 있는 커다란 조개 무늬가 매력적인 토트백.
가죽 손잡이를 달아서
고급스러운 느낌으로 완성합니다.

{design} 가와이 마유미
{making} 세키타니 사치코
{yarn} 하마나카 에코안다리아
{how to make} P.87

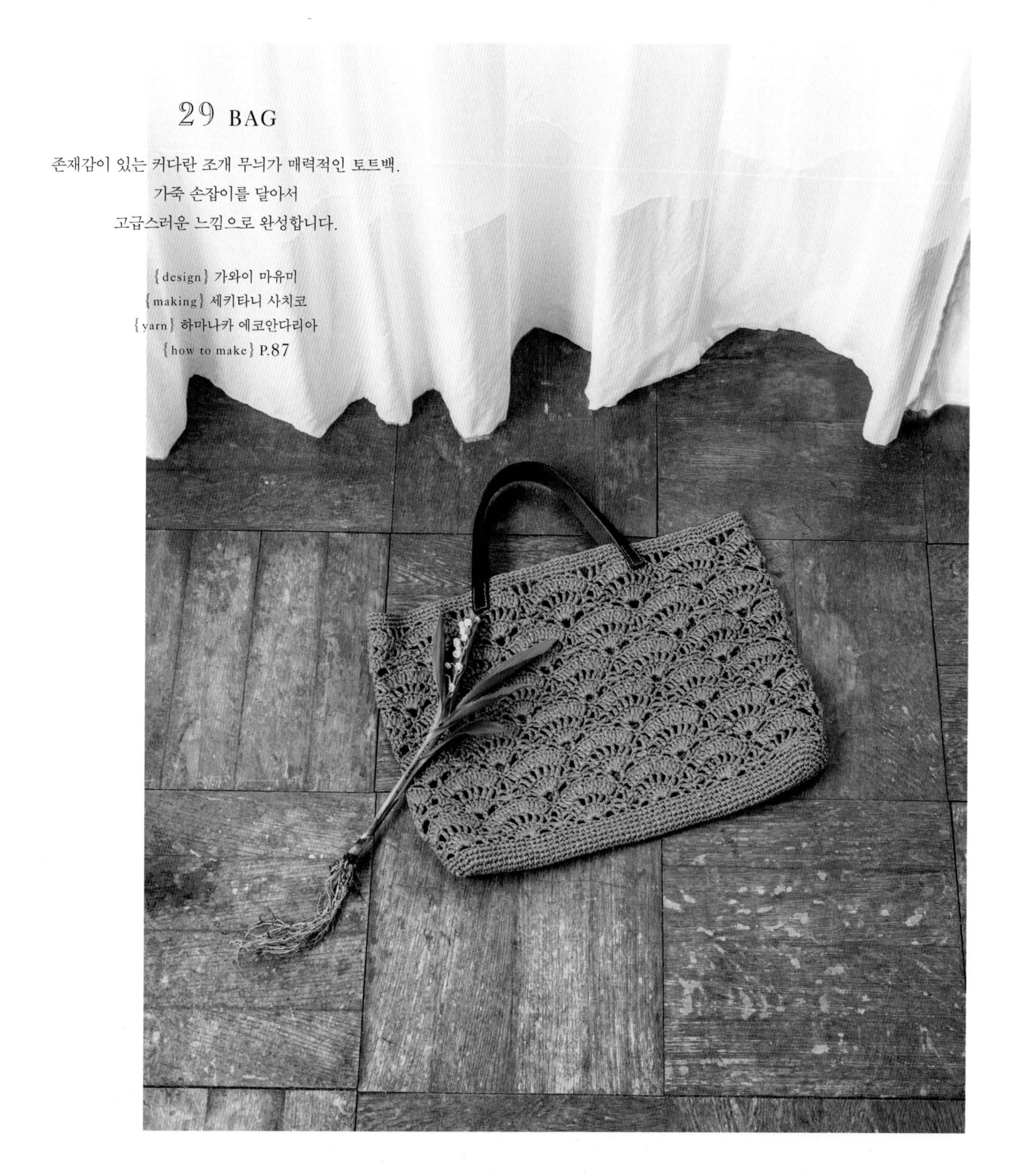

30 BAG

앞걸어뜨기로 아란 무늬를 표현해낸 가방.
디자인이 깔끔하고
밑판도 가죽으로 튼튼하게 만들어서
오피스룩에도 잘 어울립니다.

{design} Little Lion
{yarn} 하마나카 에코안다리아
{how to make} P.90

HOW TO MAKE

다음 페이지부터는 사용하는 도구 및
에코안다리아 취급 방법,
기본 테크닉에 대해 설명합니다.
에코안다리아는 깔끔하게 완성하려면
조금 요령이 필요한 실이므로
소재에 대해 이해한 뒤 작품을 떠보세요.

뜨개질을 시작하기 전에

{ 준비물 }

•실 *실 견본은 실물 두께

에코안다리아

목재 펄프를 원료로 한 레이온 100퍼센트의 천연소재 실. 보송보송 시원한 감촉이며 색상도 다양합니다.

에코안다리아 크로셰

에코안다리아에 비해 두께가 반 정도로 가는 실. 탄력과 장력이 적절해 섬세한 뜨개질을 할 수 있습니다.

실끝을 꺼내는 방법

에코안다리아는 비닐봉지에 넣은 상태로 실타래 안쪽에서 실끝을 꺼내 사용합니다. 라벨을 벗기면 실이 풀려서 뜨기 어려워지므로 벗기지 않도록 주의하세요.

•바늘 / 기타

코바늘

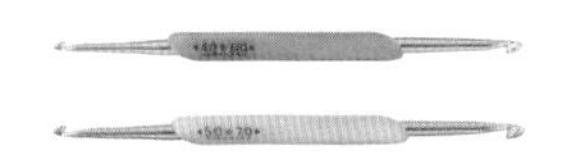

굵기에 따라 2/0~10/0호까지 있으며 숫자가 커질수록 바늘이 굵어집니다. '하마나카 아미아미 양쪽 코바늘 라쿠라쿠'는 바늘 하나로 두 종류의 호수를 사용할 수 있어서 편리합니다.

돗바늘

재봉 바늘보다 굵고 끝이 둥근 바늘. 실끝을 처리하거나 손잡이를 달 때 사용합니다.

단수 표시 링

콧수, 단수를 셀 때 있으면 편리합니다.

크래프트 가위

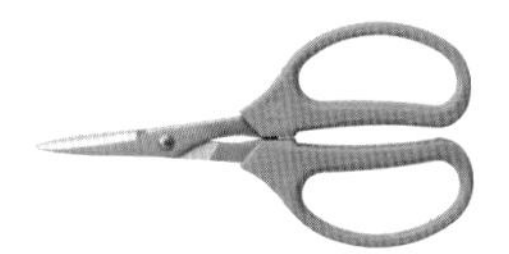

끝이 가늘어서 잘 잘리는 수예용 가위를 추천합니다.

테크노로트
(H204-593)

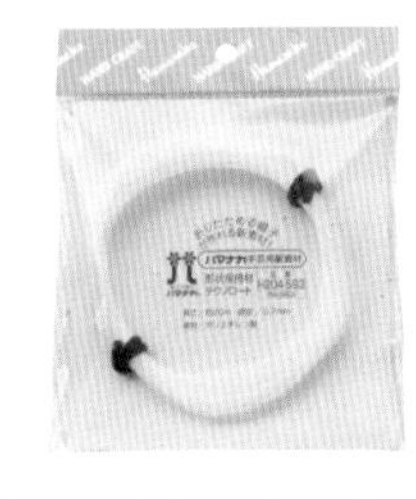

형상을 유지할 수 있는 심 부자재. 모자 챙 등에 심으로 사용해 함께 감싸서 뜨면 형태를 유지할 수 있습니다. 실로 감싸서 뜨는 방법은 P.39 참조.

열수축 튜브
(H204-605)

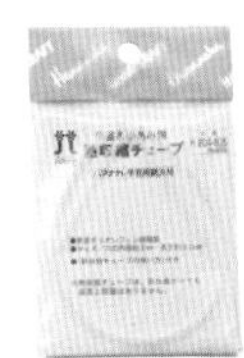

테크노로트 끝부분을 처리할 때 사용합니다.

스프레이 풀
(H204-614)

스팀다리미로 모양을 잡은 뒤 에코안다리아 전용 스프레이 풀을 뿌리면 형태를 오래 유지할 수 있습니다.

발수 스프레이
(H204-634)

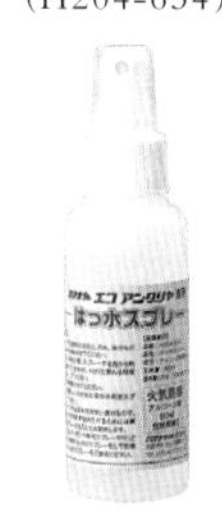

에코안다리아는 흡수성이 높은 소재이므로 발수 스프레이를 뿌려서 발수·방염효과를 주는 것을 추천합니다.

{ 게이지에 대해서 }

게이지란 일정한 크기(사진은 10cm×10cm) 안에 몇 코, 몇 단이 들어가는지를 나타냅니다. 책과 똑같은 실, 바늘을 써도 뜨는 사람의 실을 당기는 힘에 따라 게이지가 달라질 수 있습니다. 모자는 쓰지 못하게 될 수도 있으니 15센티미터 정도의 뜨개바탕을 시험 삼아 떠서 게이지를 측정하고 표시한 게이지와 다를 경우에는 다음 방법으로 조정하세요.

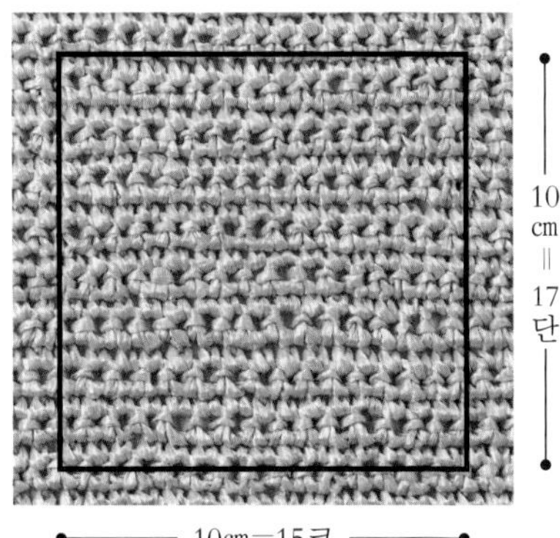

콧수, 단수가 게이지보다 더 많은 경우

실을 당겨서 뜨는 경우 완성 치수가 작품보다 작아집니다. 책보다 1~2호 굵은 바늘로 뜨세요.

콧수, 단수가 게이지보다 더 적은 경우

실을 느슨하게 해 뜨는 경우 완성 치수가 작품보다 커집니다. 책보다 1~2호 가는 바늘로 뜨세요.

에코안다리아로 뜨는 방법은?

실을 뜨다 보면 뜨개바탕이 둘둘 말리기 마련인데 그 상태로 신경 쓰지 않고 떠도 괜찮습니다. 스팀다리미를 뜨개바탕에서 2~3센티미터 띄워서 스팀을 쐬어주면 놀랍게도 뜨개바탕이 깔끔하게 정돈됩니다. 어느 정도 뜬 뒤 스팀다리미를 대서 코를 정리하면 기분 좋게 계속 뜰 수 있습니다.

떴다가 풀어놓은 실은?

잘못 떠서 푼 에코안다리아는 자국이 생겨서 그대로 뜨면 코가 가지런해지지 않습니다. 스팀다리미를 풀어놓은 실에서 2~3센티미터 떨어뜨려 스팀을 쐬어주면 실이 펴져서 원래 상태로 되돌아갑니다. 몇 코만 풀었을 때는 손가락으로 바싹 당겨서 펴세요.

사행斜行은 무엇인가요?

원형으로 뜨다 보면 코가 조금씩 기우는 경우가 있는데 이를 '사행'이라고 합니다(a). 사행의 정도는 실을 뜨는 힘에 따라 다르며 뜨개질에 익숙한 사람에게도 일어나는 일이므로 신경 쓰지 않아도 됩니다. 가방 측면의 코가 기운 경우에는 손잡이를 달 때 콧수에 집착하지 말고 본체 가운데에 손잡이 두 개의 위치가 맞도록 달아주세요(b).

a

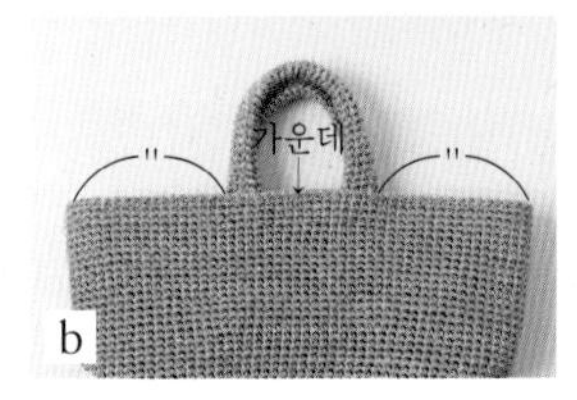

b

작품을 마무리하는 방법은?

모자나 가방 안에 신문지 및 수건 등을 채워 넣어서 모양을 잡습니다(a). 스팀다리미를 뜨개바탕에서 2~3센티미터 띄워서 스팀을 쐬고 모양을 잡아서 마를 때까지 그대로 둡니다(b). 마무리할 때는 P.37에서 소개한 스프레이 풀을 뿌리면 형태가 유지됩니다. 드라이클리닝을 할 수도 있습니다. 모자의 경우 윗부분이나 옆부분을 뜬 상태에서 스팀다리미를 한 번 대는 방법을 추천합니다(c).

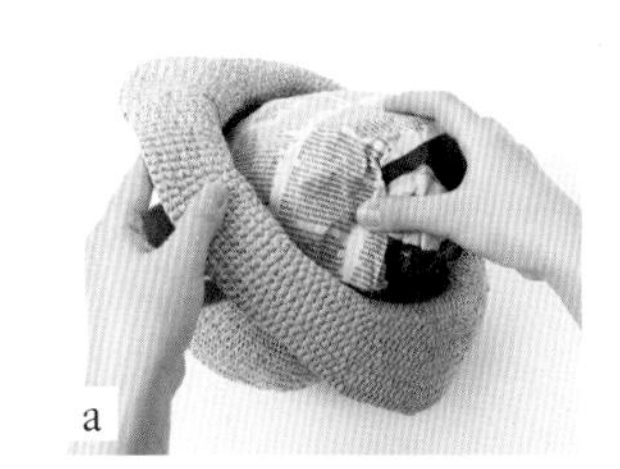
a

b

c

모자 크기 조정 방법은?

P.37 '게이지에 대해서'에서 설명했듯이 먼저 시험 삼아 뜨개바탕을 떠서 게이지를 측정하고 책에 소개된 작품과 같은 크기로 완성하도록 조정하는 방법을 추천합니다. 그래도 크게 완성되거나 모자를 쓰다 늘어나버린 경우에는 시중에서 판매하는 모자에도 달려 있는 '사이즈 조절 테이프'를 붙이면 좋습니다. 사이즈 조절 테이프를 붙이기만 해도 착용감이 개선되는데, 테이프 안에 왁스 끈같이 가는 끈을 끼워서 조이면 2~3센티미터 정도 크기 조정을 할 수 있습니다. 하지만 다 떴을 때 작품보다 작을 경우에는 이 방법을 쓸 수 없으니 작게 뜨지 않도록 주의하세요.

사이즈 조절 테이프는 머리둘레+2센티미터로 잘라서 둥글게 꿰매어 크라운이나 옆부분의 마지막 단에 붙입니다(a). 색은 작품과 같은 계열을 선택하세요(b).

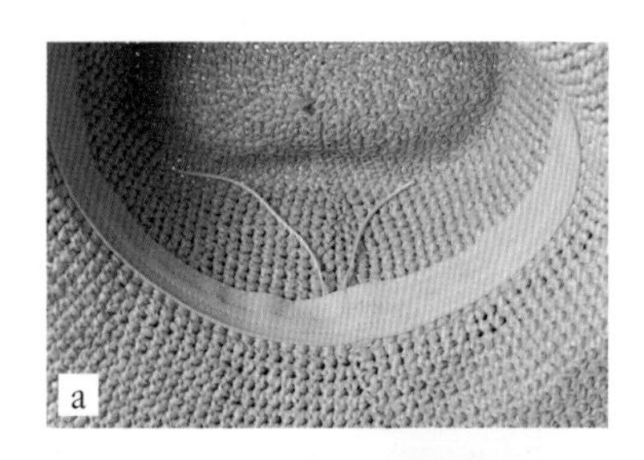
a

b

사이즈 조절 테이프

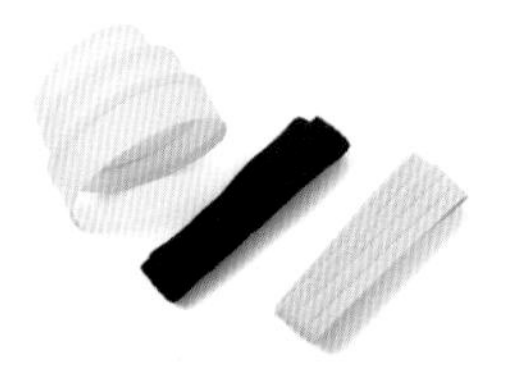

땀이 묻거나 늘어나는 것을 방지하는 효과가 있습니다. 폭 2.5~3센티미터짜리가 일반적입니다.

왁스 끈, 스웨이드 끈

잘 미끄러지는 가는 끈을 추천합니다.

{기본 테크닉}

• 테크노로트를 감싸서 뜨는 방법 *쉽게 이해할 수 있도록 검은색 테크노로트를 사용했습니다.

시작

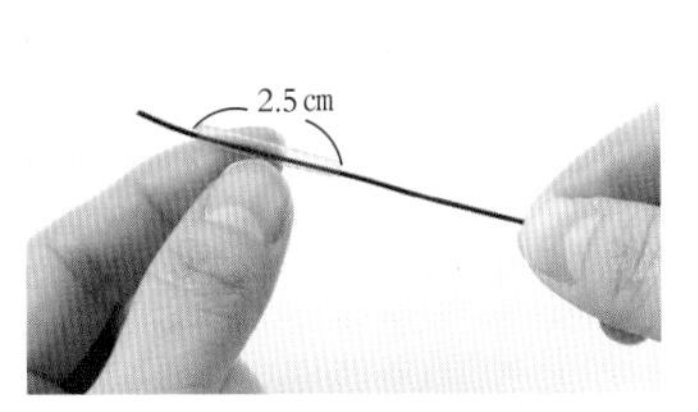

1 열수축 튜브를 2.5센티미터 길이로 잘라서 테크노로트에 끼운다.

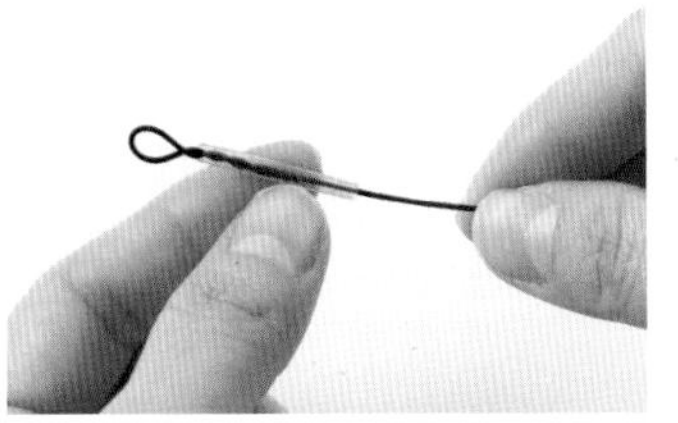

2 테크노로트를 튜브 끝으로 뺀 뒤 반으로 접고 여러 번 꼬아서 고리를 만든다(고리는 코바늘 끝이 들어갈 수 있는 크기). 꼰 부분을 튜브 안으로 다시 집어넣고 드라이기의 온풍으로 가열하여 튜브를 수축시킨다.

3 사슬뜨기로 기둥코를 만들고 시작 부분의 코와 테크노로트를 꼬아 만든 고리에 코바늘을 넣어서 짧은뜨기한다.

4 그런 다음 테크노로트를 감싸서 짧은뜨기한다.

마무리

1 마지막코에서 5코 정도 전까지 뜨면 모양을 잡는다.

2 5코의 두 배 길이로 남기고 테크노로트를 자른다.

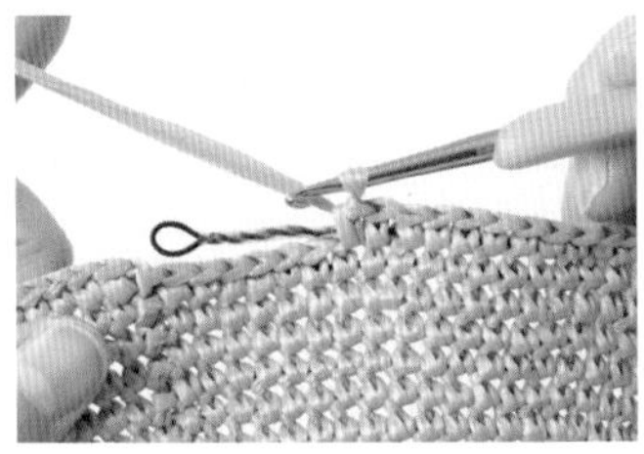

3 시작 1, 2와 같은 방법으로 열수축 튜브를 끼운 뒤 테크노로트를 꼬아서 고리를 만든다.

4 마지막코 전까지 뜨고, 시작 3과 같은 방법으로 마지막코와 테크노로트를 꼬아 만든 고리에 코바늘을 넣어 짧은뜨기한다.

•사슬 연결하기 *쉽게 이해할 수 있도록 2~4는 실의 색을 바꿨습니다.

1 작품을 다 뜨고 나면 실을 15센티미터 정도 남기고 자른 뒤 코바늘을 빼서 실끝을 빼낸다.

2 실끝을 돗바늘에 끼우고 첫코의 머리(실 두 가닥)에 바늘을 통과시킨다.

3 그런 다음 마지막코의 머리 가운데로 바늘을 넣는다.

4 실을 빼면 사슬머리가 만들어진다. 첫코와 마지막코가 연결되어 깔끔하게 완성된다.

•가죽 바닥을 감싸서 뜨는 방법

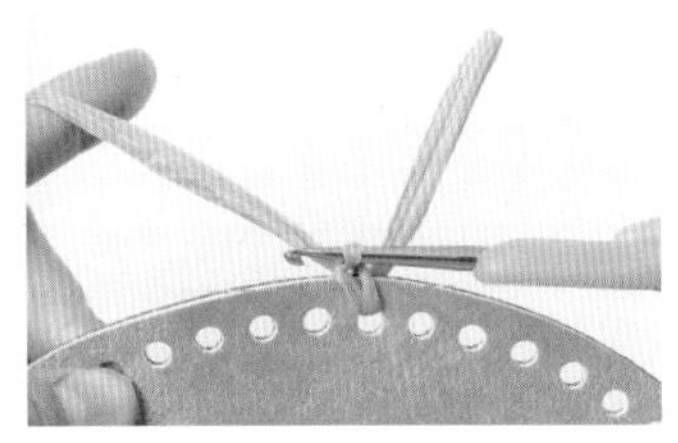

1 실끝을 10센티미터 정도 남기고 가죽 바닥의 구멍에 코바늘을 넣어서 사슬뜨기로 기둥코를 만든다.

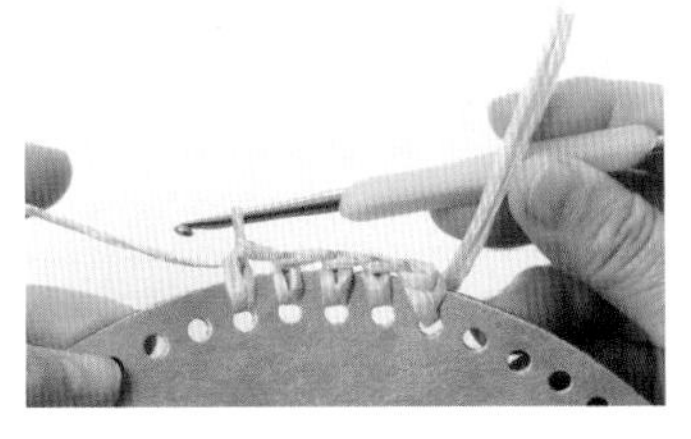

2 짧은뜨기한다.

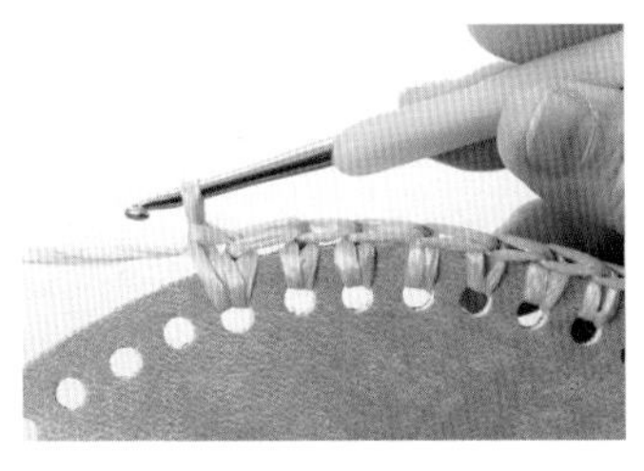

3 작품에 따라 똑같은 구멍에 짧은뜨기를 두세 코씩 넣어 뜨기도 한다.

01 HAT

{photo} P.3

{준비물}
실 / 하마나카 에코안다리아(40g 1볼)
레트로그린(68) 130g
하마나카 플랙스Ly(25g 1볼)
오프화이트(801) 30g
바늘 / 하마나카 아미아미 양쪽 코바늘 라쿠라쿠 5/0호
{게이지} 짧은뜨기 21코 25단=10cm×10cm
{완성 치수} 머리둘레 57cm

{뜨는 방법} 실 한 가닥을 사용해서 모자는 에코안다리아, 리본은 플랙스Ly로 뜹니다.
원형 시작코를 잡아 짧은뜨기 6코를 넣어 뜹니다. 2단부터는 기둥코 없이 그림처럼 코를 늘려가며 윗부분과 옆부분을 짧은뜨기합니다. 챙은 콧수 증감에 주의해 뜹니다. 리본은 사슬 17코로 시작코를 만들고 40단을 무늬뜨기한 뒤 양끝을 1단씩 테두리뜨기합니다. 모자 옆부분에 리본을 감아서 두 번 묶어줍니다.

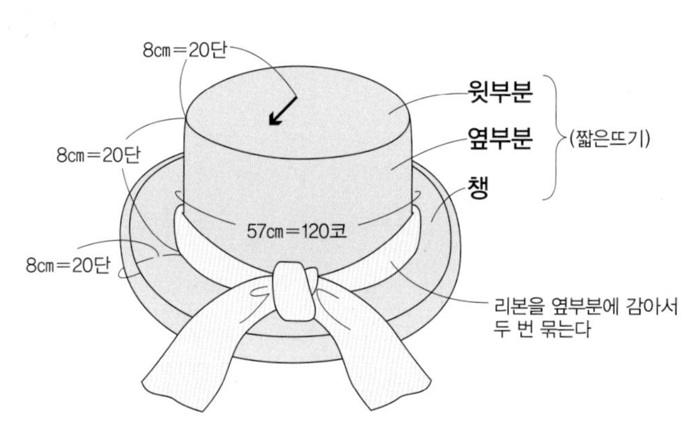

콧수와 코 늘리기

	단	콧수	코 늘리기
챙	19, 20	192코	증감 없음
	18	192코	각 단마다 12코씩 줄인다
	17	204코	
	16	216코	증감 없음
	15	216코	12코 늘린다
	14	204코	증감 없음
	13	204코	12코 늘린다
	12	192코	증감 없음
	11	192코	12코 늘린다
	10	180코	증감 없음
	9	180코	12코 늘린다
	8	168코	증감 없음
	7	168코	12코 늘린다
	6	156코	증감 없음
	5	156코	12코 늘린다
	4	144코	증감 없음
	3	144코	12코 늘린다
	2	132코	증감 없음
	1	132코	12코 늘린다
옆부분	1~20	120코	증감 없음
윗부분	20	120코	각 단마다 6코씩 늘린다
	19	114코	
	18	108코	
	17	102코	
	16	96코	
	15	90코	
	14	84코	
	13	78코	
	12	72코	
	11	66코	
	10	60코	
	9	54코	
	8	48코	
	7	42코	
	6	36코	
	5	30코	
	4	24코	
	3	18코	
	2	12코	
	1	원 속에 6코 넣어 뜨기	

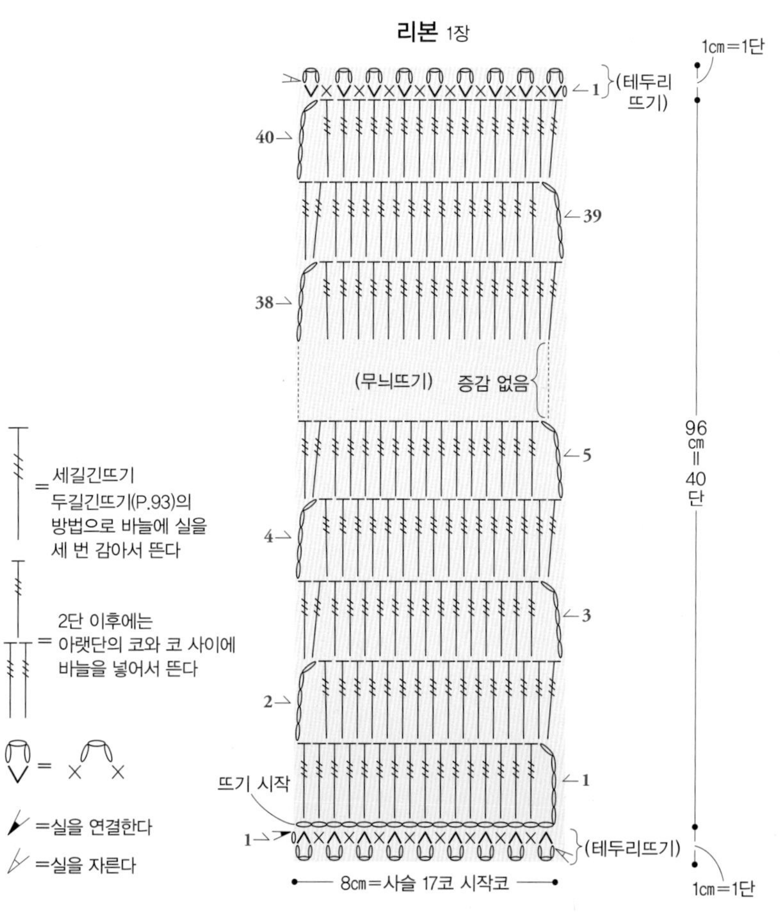

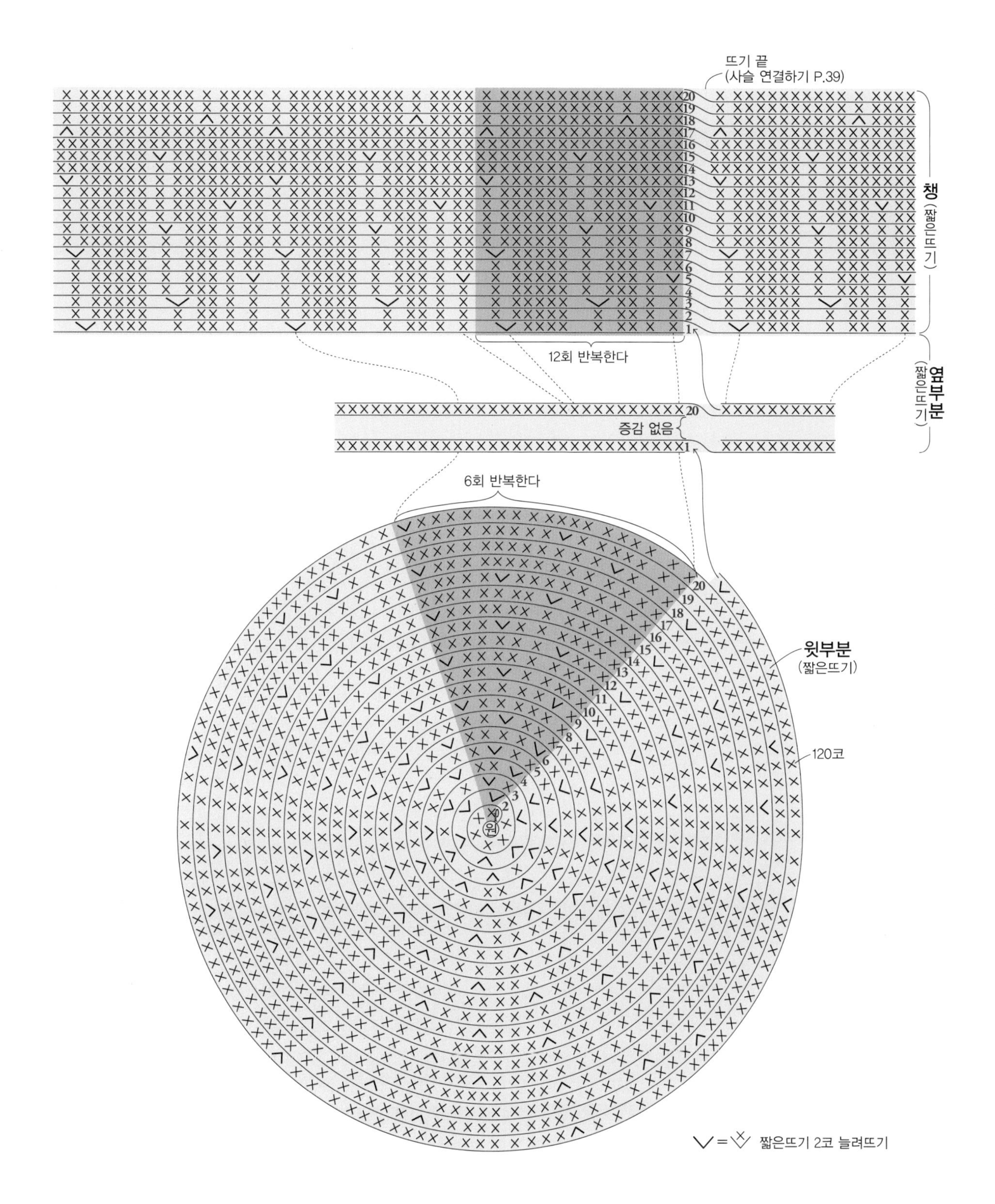

뜨기 끝
(사슬 연결하기 P.39)
챙(짧은뜨기)
12회 반복한다
옆부분(짧은뜨기)
증감 없음
6회 반복한다
윗부분
(짧은뜨기)
120코
원
= 짧은뜨기 2코 늘려뜨기

02 BAG

{photo} P.4

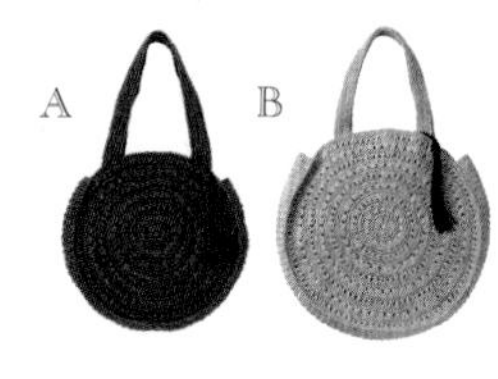

{준비물}

실 / 하마나카 에코안다리아(40g 1볼)

A 검정(30) 180g, B 베이지(23) 240g

바늘 / 하마나카 아미아미 양쪽 코바늘 라쿠라쿠 6/0호

기타 / 폭 0.3㎝짜리 스웨이드 끈(검정) 450㎝, 손바느질용 실, 수예용 접착제

{게이지} 무늬뜨기 9.5단=10㎝

짧은뜨기 17코 16.5단=10㎝×10㎝

{완성 치수} A 지름30㎝ B 지름38㎝

{뜨는 방법} 실 한 가닥으로 뜹니다. 괄호 안의 숫자는 B의 콧수와 단수이며 별도로 지정한 것 외에는 AB 공통입니다.

바닥면은 사슬 10코(13코)로 시작코를 만들고 짧은뜨기로 콧수의 증감 없이 뜹니다. 옆면은 원형 시작코를 잡은 다음 그림과 같이 코를 늘려가며 14단(18단)까지 무늬뜨기합니다. 15단(19단)의 짧은뜨기는 지정한 위치에 바닥면을 겹쳐서 뜹니다. 나머지 옆면도 같은 방법으로 뜹니다.

손잡이는 사슬 100코로 시작코를 만들어서 짧은뜨기한 뒤 옆면의 안쪽에 꿰매 붙입니다. 스웨이드 끈을 사용해서 태슬을 만들어 손잡이에 답니다.

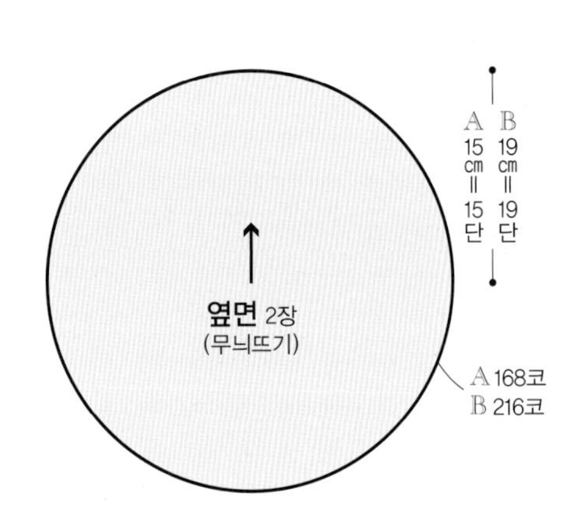

마무리

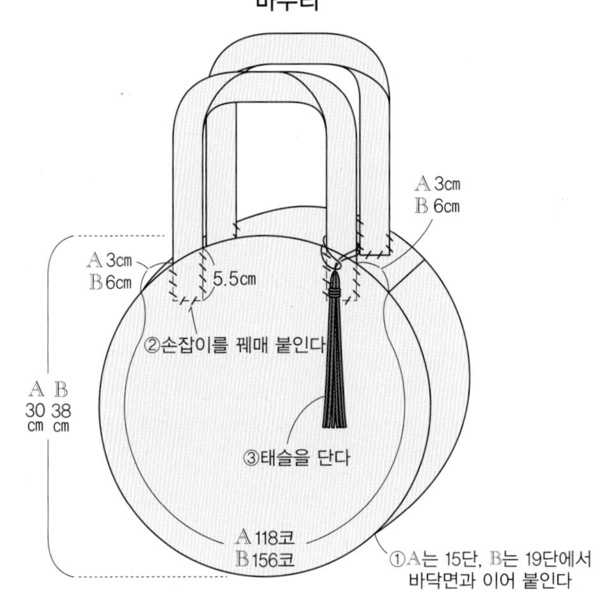

바닥면(짧은뜨기) 1장

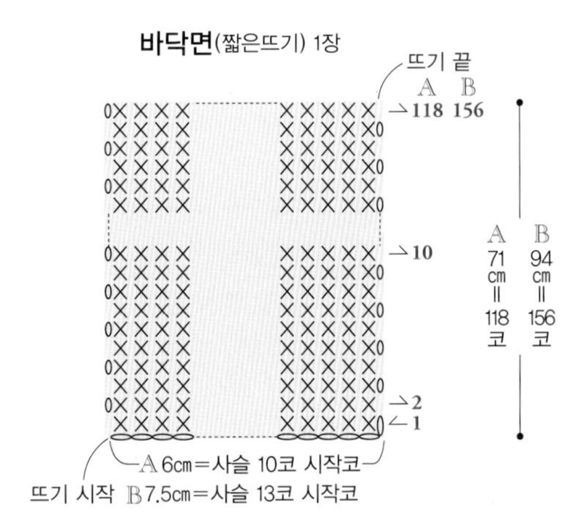

손잡이(짧은뜨기) 2개

AB 공통

태슬 만드는 방법

스웨이드 끈

35㎝…12가닥 ⎫
25㎝…한 가닥 ⎭ 자른다

①35㎝짜리 끈 한 가닥으로 고리를 만든다.

②나머지 끈 11가닥을 고리에 통과시켜 묶는다.

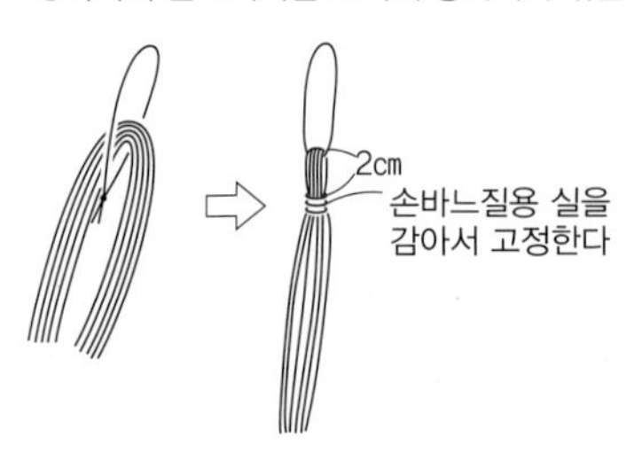

③25㎝짜리 끈을 손바느질용 실 위에 감고 접착제를 발라서 고정한다.

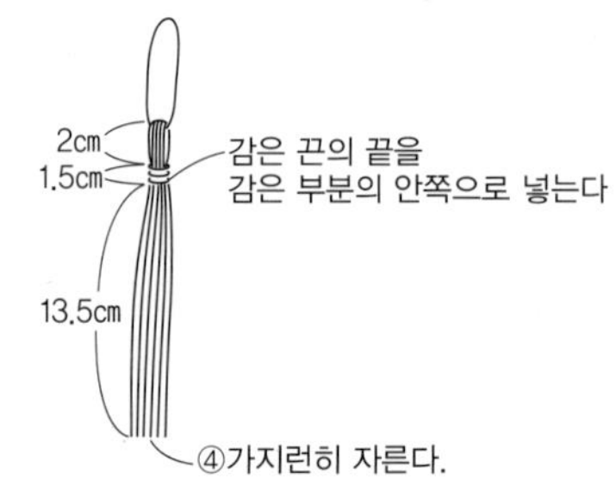

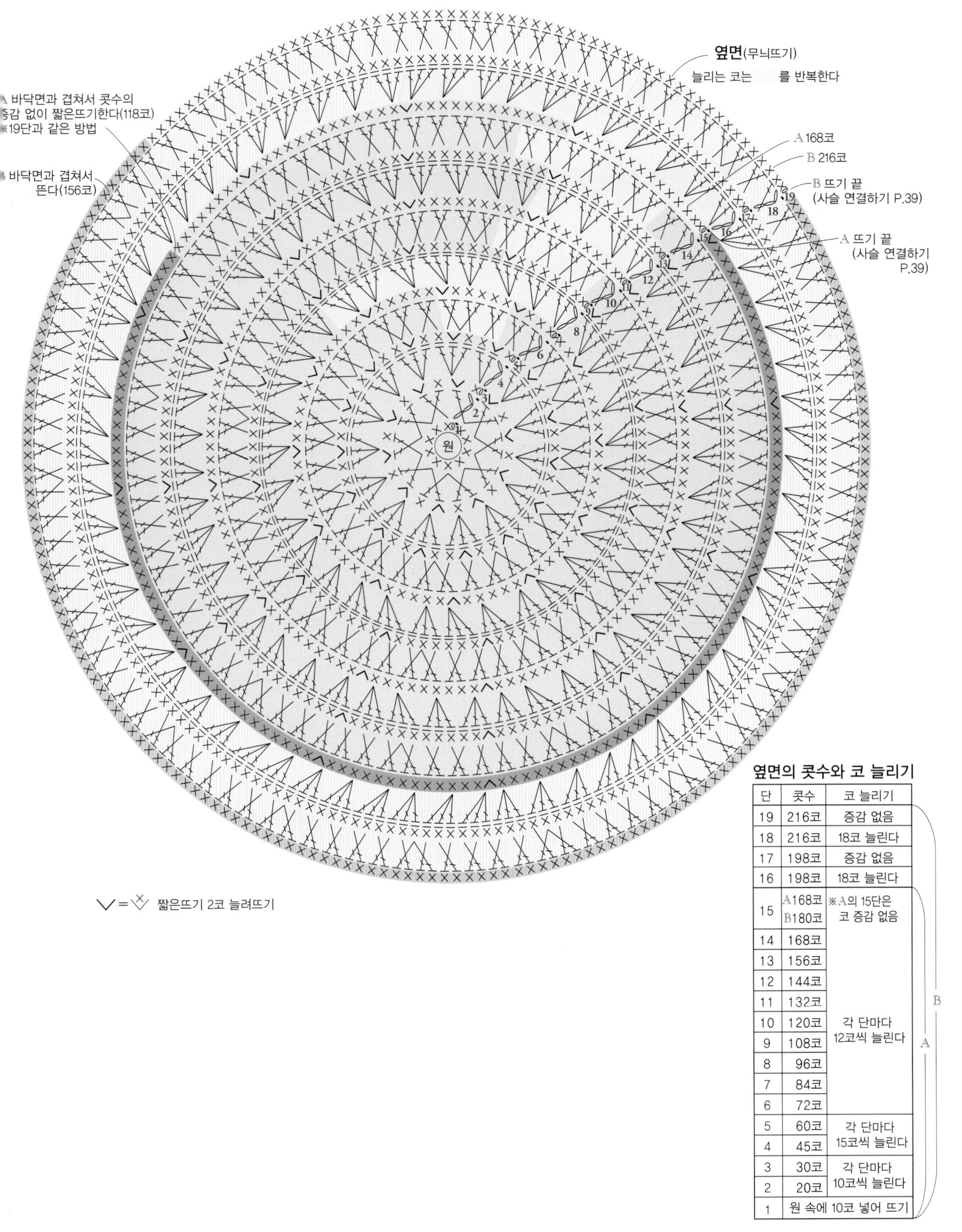

∨ = 짧은뜨기 2코 늘려뜨기

옆면의 콧수와 코 늘리기

단	콧수	코 늘리기
19	216코	증감 없음
18	216코	18코 늘린다
17	198코	증감 없음
16	198코	18코 늘린다
15	A168코 B180코	※A의 15단은 코 증감 없음
14	168코	각 단마다 12코씩 늘린다
13	156코	
12	144코	
11	132코	
10	120코	
9	108코	
8	96코	
7	84코	
6	72코	
5	60코	각 단마다 15코씩 늘린다
4	45코	
3	30코	각 단마다 10코씩 늘린다
2	20코	
1	원 속에 10코 넣어 뜨기	

03 HAT

{photo} P.6

{준비물}

실 / 하마나카 에코안다리아(40g 1볼)
베이지(23) 120g
바늘 / 하마나카 아미아미 양쪽 코바늘 라쿠라쿠 5/0호
기타 / 테크노로트(H204-593) 약 360cm
열수축 튜브(H204-605) 약 5cm
폭 3cm짜리 사이즈 조절 테이프 약 58cm
지름 2mm짜리 왁스 끈 약 65cm
리본용 리넨 12cm×160cm, 손바느질용 실
{게이지} 짧은뜨기 18코 19단=10cm×10cm
{완성 치수} 머리둘레 56cm

8cm=15단
윗부분 (짧은뜨기)
11cm=22단
옆부분 (짧은뜨기)
56cm=102코
8cm=20단
챙 (무늬뜨기)
뒤쪽 가운데에서 챙을 바깥쪽으로 꺾은 뒤 꿰매 붙인다

{뜨는 방법} 실 한 가닥으로 뜹니다.
원형 시작코를 잡아 짧은뜨기 6코를 넣어 뜹니다. 2단부터는 그림처럼 코를 늘려가며 15단까지 짧은뜨기하고 스팀다리미를 사용해서 평평하게 만듭니다. 옆부분은 21단까지 짧은뜨기하고 1단을 빼뜨기합니다. 그런 다음 챙을 그림처럼 코를 늘려가며 무늬뜨기하는데, 지정한 단에는 테크노로트를 감싸서 뜹니다. 뒤쪽 가운데에서 챙을 바깥쪽으로 꺾은 뒤 꿰매 붙입니다. 리본을 감아서 묶고 여러 군데를 꿰매 고정합니다.

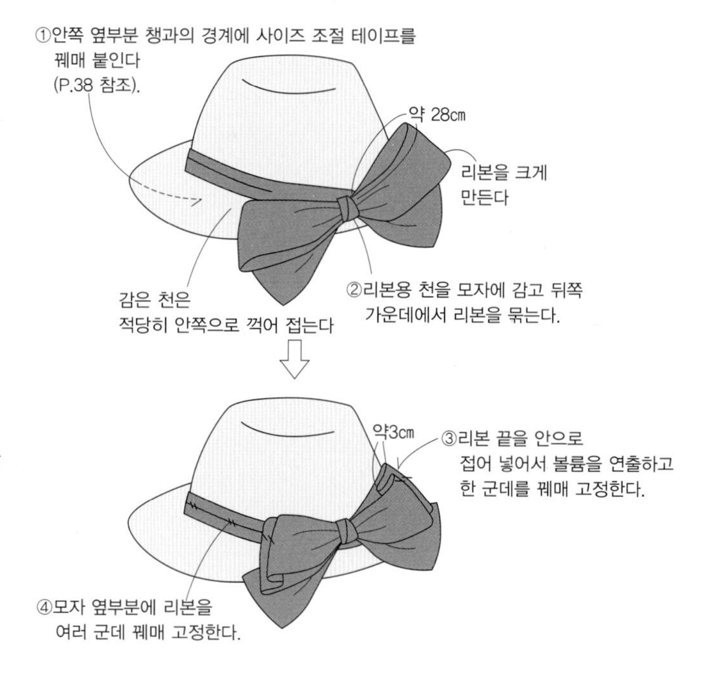

•03, 20 공통 테크노로트 사용방법

03을 예시로 설명하겠습니다. 이 방법을 사용하면 실 잡아당기는 힘을 개의치 않고 초심자라도 작품에 가까운 모양으로 완성할 수 있습니다.

1 테크노로트를 감싸서 뜨는 단(8단)의 경우 P.39 '시작'을 참조해서 테크노로트를 넣어 뜬다. 지정한 길이(8단의 경우 78.5cm)의 위치에 매직 등으로 표시해놓는다.

2 필요한 콧수만큼 뜨면 코바늘을 한 번 빼고 뜨개바탕을 늘리듯이 펴서 1에서 표시한 위치에 마지막코가 오도록 조정한다. 테크노로트는 자르지 않고 다음에 감싸서 뜨는 단(11단)까지 뜨개바탕 안쪽에 걸쳐놓는다.

3 걸쳐놓은 테크노로트는 실끝을 처리할 때 눈에 띄지 않게 숨긴다.

•챙을 뜨는 방법

아랫단의 빼뜨기 코를 남길 경우

1, 11, 13, 15, 17, 19단의 짧은뜨기는 아랫단의 빼뜨기 단이 아닌, 전전단의 짧은뜨기에 뜬다. 뜨개바탕이 견고해져서 모양이 예쁘게 유지된다.

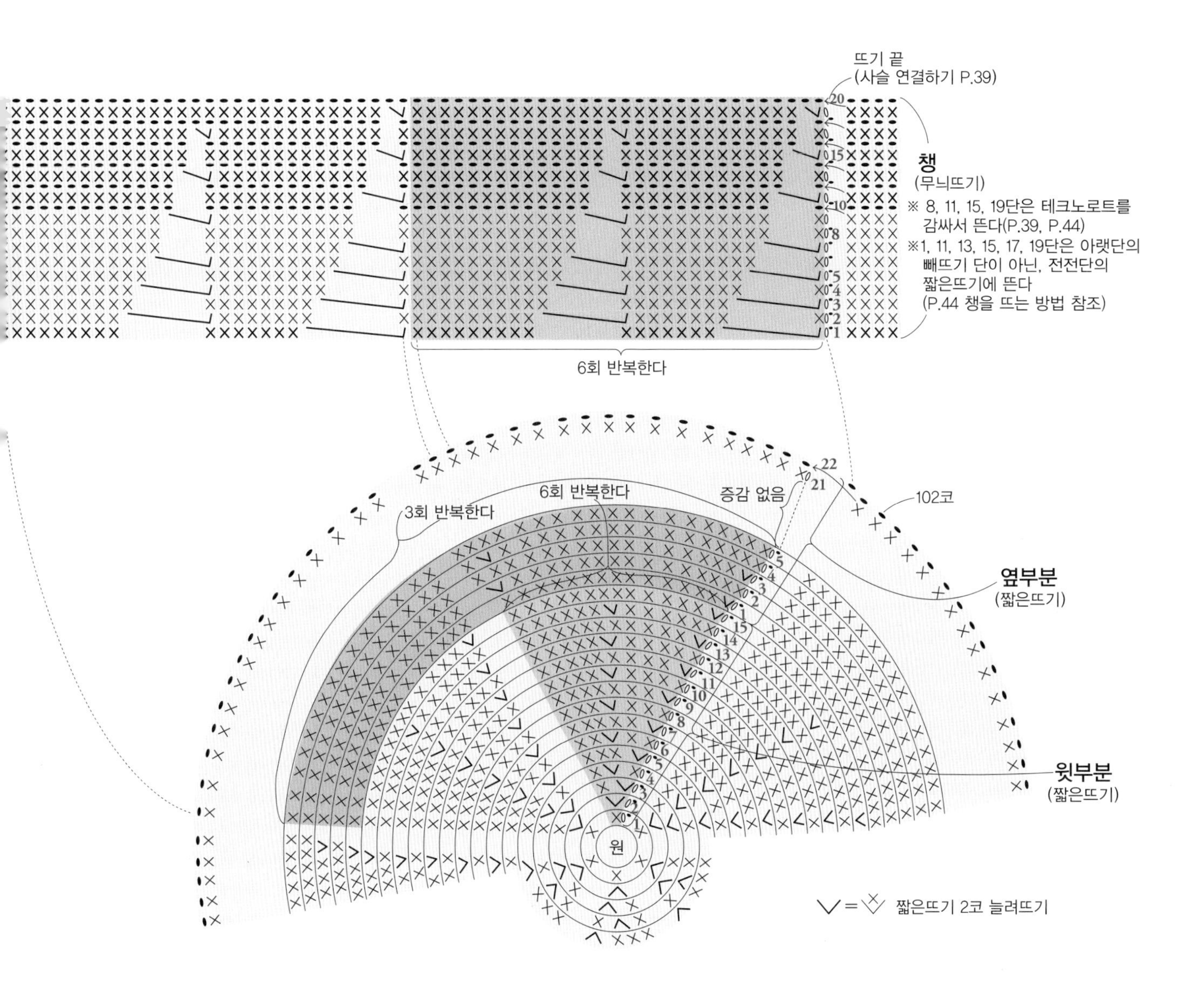

콧수와 코 늘리기

	단	콧수	코 늘리기		
챙	20	180코	증감 없음		
	19	180코	6코 늘린다	96cm	테크노로트를 감싸서 뜬다
	18	174코	증감 없음		
	17	174코	6코 늘린다		
	16	168코	증감 없음		
	15	168코	6코 늘린다	90.5cm	
	14	162코	증감 없음		
	13	162코	6코 늘린다		
	12	156코	증감 없음		
	11	156코	6코 늘린다	84cm	
	10	150코	증감 없음		
	9	150코	6코 늘린다		
	8	144코	증감 없음	78.5cm	
	7	144코	각 단마다 6코씩 늘린다		
	6	138코			
	5	132코			
	4	126코			
	3	120코			
	2	114코			
	1	108코			

	단	콧수	코 늘리기
옆부분	5~22	102코	증감 없음
	4	102코	각 단마다 3코씩 늘린다
	3	99코	
	2	96코	
	1	93코	
윗부분	15	90코	각 단마다 6코씩 늘린다
	14	84코	
	13	78코	
	12	72코	
	11	66코	
	10	60코	
	9	54코	
	8	48코	
	7	42코	
	6	36코	
	5	30코	
	4	24코	
	3	18코	
	2	12코	
	1	원 속에 6코 넣어 뜨기	

※테크노로트의 길이는 아랫단 둘레에서 산출했다.

04 BAG

{photo} P.7

{준비물}
실 / 하마나카 에코안다리아
(40g 1볼) 검정(30) 230g
바늘 / 하마나카 아미아미 양쪽 코바늘 라쿠라쿠 6/0호
기타 / 지름 2.5㎝짜리 단추 1개
{게이지} 무늬뜨기A 21코 13단=10㎝×10㎝
{완성 치수} 그림 참조

{뜨는 방법} 실 한 가닥으로 뜹니다.
바닥은 사슬 30코로 시작코를 만들고 코를 늘려가며 10단을 짧은뜨기합니다. 그런 다음 옆면을 무늬뜨기A로 콧수의 증감 없이 31단을 뜹니다. 지정한 위치에 실을 연결해서 입구를 무늬뜨기B로 그림처럼 코를 줄여가며 15단을 뜬 뒤, 손잡이를 무늬뜨기B로 콧수의 증감 없이 26단을 뜹니다. 이와 같은 방법으로 반대쪽의 입구와 손잡이도 지정한 위치에 실을 연결해서 뜹니다. 손잡이를 감침질해서 잇습니다. 손잡이의 양옆에 각각 실을 연결해서 손잡이와 입구 둘레를 1단씩 짧은뜨기합니다. 고리와 프린지를 만들어 옆면 뒤쪽 가운데에 꿰매 답니다. 옆면 앞쪽 가운데에는 단추를 답니다.

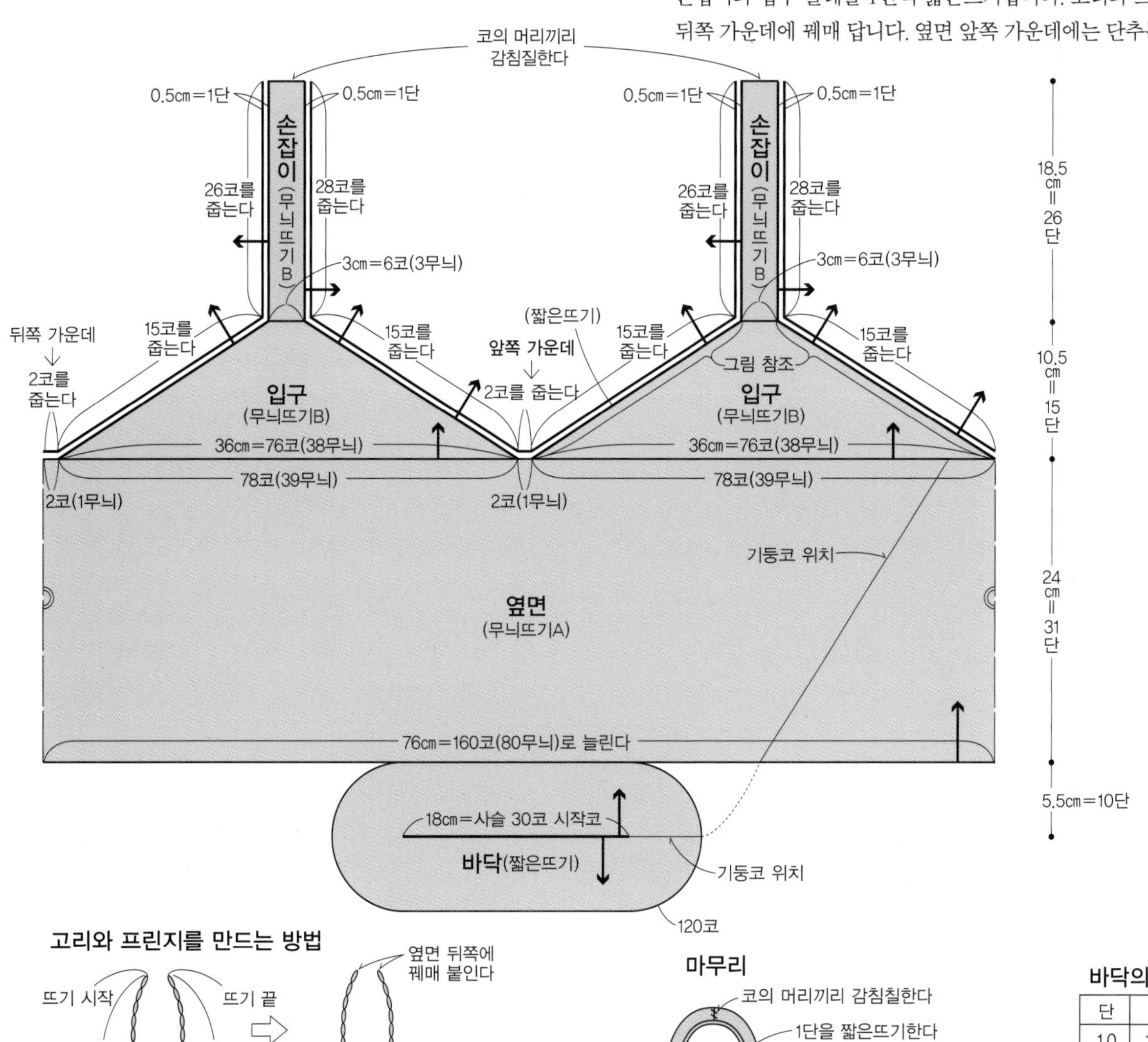

고리와 프린지를 만드는 방법

뜨기 시작
뜨기 끝
12코
12코
옆면 뒤쪽에 꿰매 붙인다
에코안다리아 30㎝ 15가닥을 사슬 3코로 만든 구멍에 끼워서 반으로 접는다
1.5㎝
1㎝
에코안다리아 40㎝ 한 가닥을 감아서 한 번 묶고 실끝을 감은 실 안쪽에 넣어 처리한다

마무리

코의 머리끼리 감침질한다
1단을 짧은뜨기한다
고리와 프린지를 만들어서 뒤쪽 가운데에 단다
같은 실로 단추를 단다
34.5㎝
76㎝

바닥의 콧수와 코 늘리기

단	콧수	코 늘리기
10	120코	8코 늘린다
9	112코	4코 늘린다
8	108코	8코 늘린다
7	100코	4코 늘린다
6	96코	8코 늘린다
5	88코	4코 늘린다
4	84코	8코 늘린다
3	76코	4코 늘린다
2	72코	8코 늘린다
1	사슬 양쪽에서 64코를 줍는다	

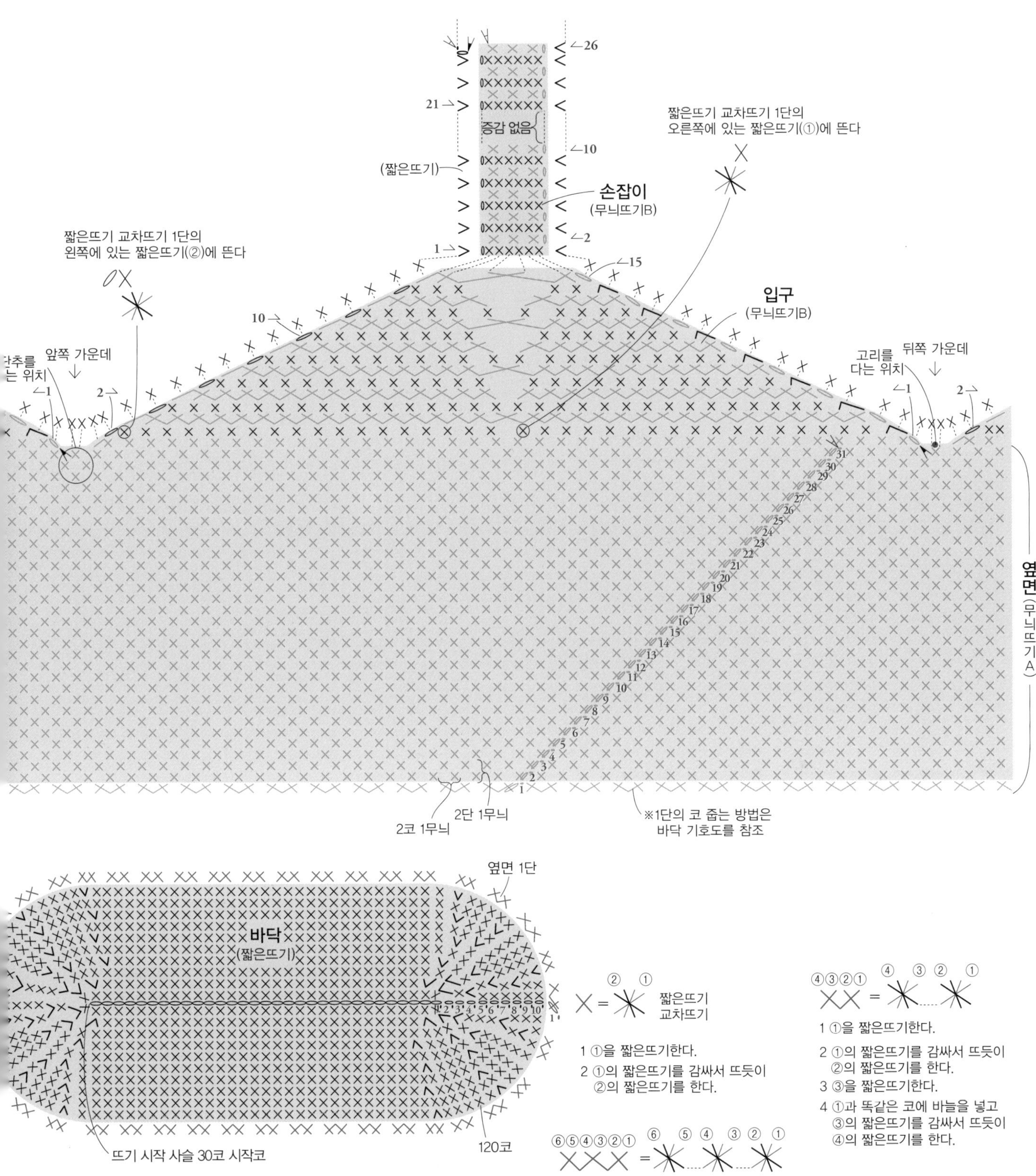

× = 짧은뜨기

∨ = 짧은뜨기 2코 늘려뜨기

∧ = 짧은뜨기 2코 모아뜨기

= 실을 연결한다

= 실을 자른다

1 ①을 짧은뜨기한다.

2 ①의 짧은뜨기를 감싸서 뜨듯이
②의 짧은뜨기를 한다.

3 ③을 짧은뜨기한다.

4 ①과 똑같은 코에 바늘을 넣고
③의 짧은뜨기를 감싸서 뜨듯이
④의 짧은뜨기를 한다.

5 3, 4와 같은 방법으로 ⑤, ⑥의
짧은뜨기를 한다.

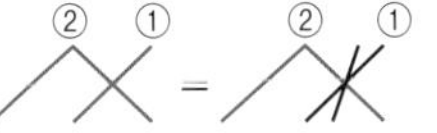

1 ①을 짧은뜨기한다.

2 ①의 짧은뜨기를 감싸서 뜨듯이
②의 짧은뜨기 2코 모아뜨기를 한다.

05 BAG

{photo} P.8

{준비물}
실 / 하마나카 에코안다리아(40g 1볼)
베이지(23) 60g, 모스그린(61) 30g
로즈핑크(54), 다크오렌지(69), 라임옐로(19) 각 20g
바늘 / 하마나카 아미아미 양쪽 코바늘 라쿠라쿠 6/0호
기타 / 하마나카 프레임(24cm / 207-020-4) 1개,
손바느질용 실
{게이지} 무늬뜨기 21코 16단=10cm×10cm
{완성 치수} 그림 참조

{뜨는 방법} 실 한 가닥을 사용해서 지정한 배색대로 뜹니다.
바닥은 사슬 59코로 시작코를 만들고 코를 늘려가며 11단을 무늬뜨기합니다. 그런 다음 옆면에는 코의 증감 없이 19단을 무늬뜨기합니다. 또한 입구는 짧은뜨기하는데 지정한 위치에서 프레임을 감싸서 뜹니다. 손잡이 끈은 새우뜨기로 48cm를 뜬 뒤 프레임에 있는 고리에 끼워서 꿰매 답니다.

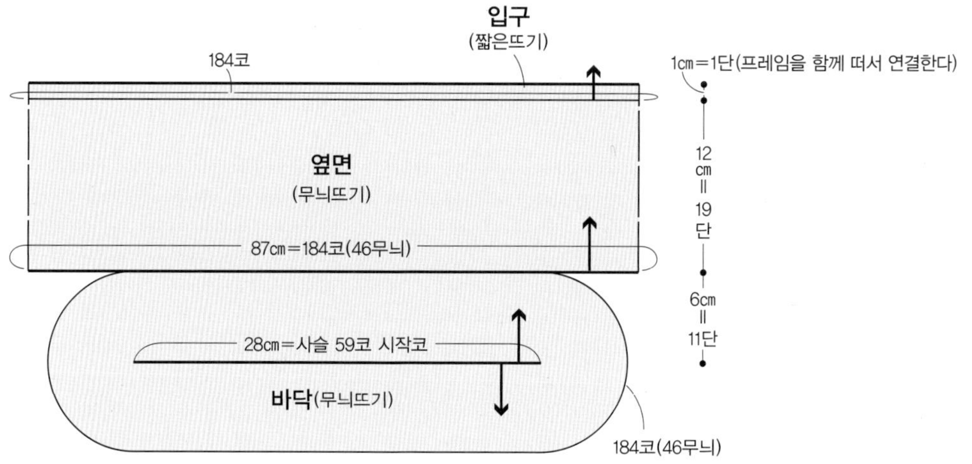

입구의 코를 줍는 방법

1코
15코
45코
22코
2코
7코
7코
입구 1단의 시작 위치
2코
22코
45코
15코
1코

□ 부분은 프레임을 감싸서 짧은뜨기한다

프레임을 함께 떠서 연결하는 방법

프레임
걸쇠 부분은 뜨지 않는다
뜨개바탕 아래쪽에 프레임을 놓고 함께 코를 줍는다
경첩 부분은 뜨지 않는다

마무리

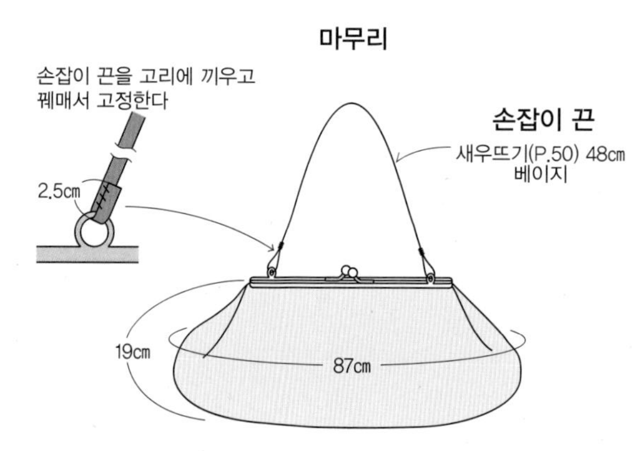

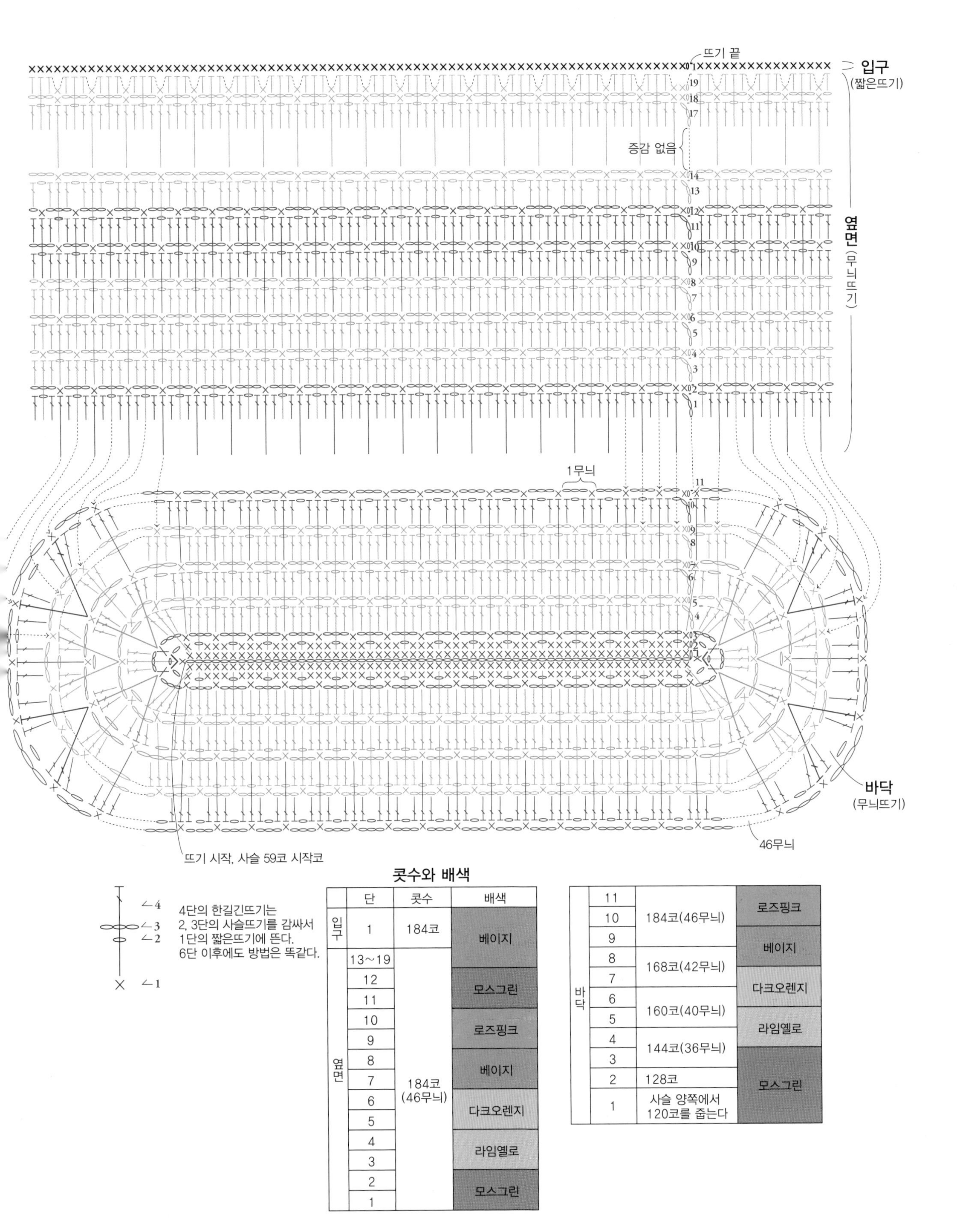

4단의 한길긴뜨기는 2, 3단의 사슬뜨기를 감싸서 1단의 짧은뜨기에 뜬다. 6단 이후에도 방법은 똑같다.

콧수와 배색

	단	콧수	배색
입구	1	184코	베이지
옆면	13~19	184코(46무늬)	베이지
	12		모스그린
	11		모스그린
	10		로즈핑크
	9		로즈핑크
	8		베이지
	7		베이지
	6		다크오렌지
	5		다크오렌지
	4		라임옐로
	3		라임옐로
	2		모스그린
	1		모스그린

	단	콧수	배색
바닥	11	184코(46무늬)	로즈핑크
	10		로즈핑크
	9		베이지
	8	168코(42무늬)	베이지
	7		다크오렌지
	6	160코(40무늬)	다크오렌지
	5		라임옐로
	4	144코(36무늬)	라임옐로
	3		모스그린
	2	128코	모스그린
	1	사슬 양쪽에서 120코를 줍는다	모스그린

06 BAG

{photo} P.9

{준비물}
실 / 하마나카 에코안다리아
(40g 1볼) 베이지(23) 250g
바늘 / 하마나카 아미아미 양쪽 코바늘 라쿠라쿠 5/0호, 7/0호
기타 / 하마나카 가죽 바닥(대) 베이지
(지름 20㎝ / H204-619) 1장
{게이지} 모티프 크기 9.5㎝×9.5㎝
{완성 치수} 바닥 지름 20.5㎝, 높이 30.5㎝

{뜨는 방법} 실은 새우뜨기를 제외하고 다 한 가닥을 사용하며 5/0호 바늘로 뜹니다.
모티프는 원형 시작코를 잡아 긴뜨기와 사슬뜨기로 1단을 뜹니다. 2단부터는 그림처럼 코를 늘려가며 7단까지 뜨고 같은 방법으로 총 18장을 뜹니다.
가죽 바닥의 구멍 1개에 짧은뜨기 2코씩, 총 120코를 넣어 뜹니다. 옆면은 모티프 18장을 그림처럼 배치하여 반코씩 감침질해서 잇습니다. 바닥 쪽에 짧은뜨기, 한길긴뜨기를 1단씩 뜹니다. 입구는 테두리뜨기합니다.
옆면과 바닥을 반코씩 감침질해서 잇습니다. 새우뜨기로 손잡이와 손잡이 고리를 뜹니다. 손잡이 고리를 꿰매 달고 손잡이를 끼운 뒤, 뜨기 시작 부분과 끝 부분을 감침질해서 고리 모양으로 만듭니다.

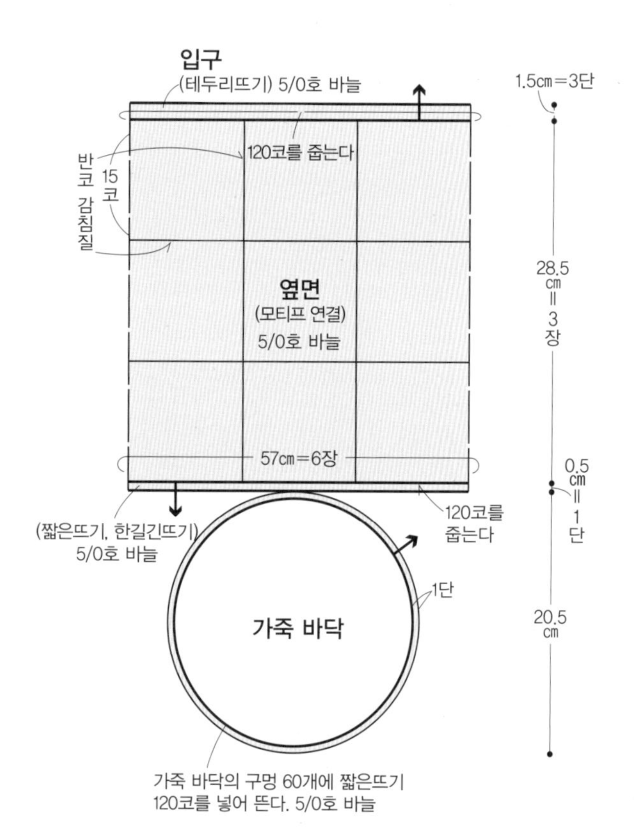

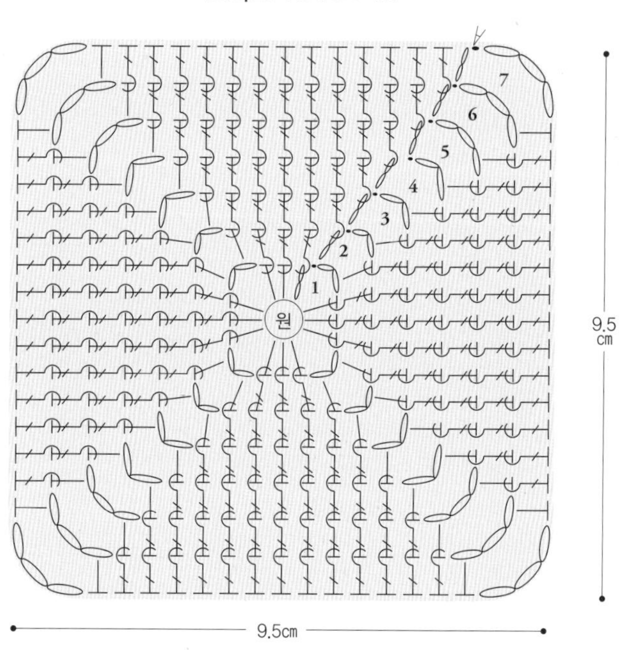

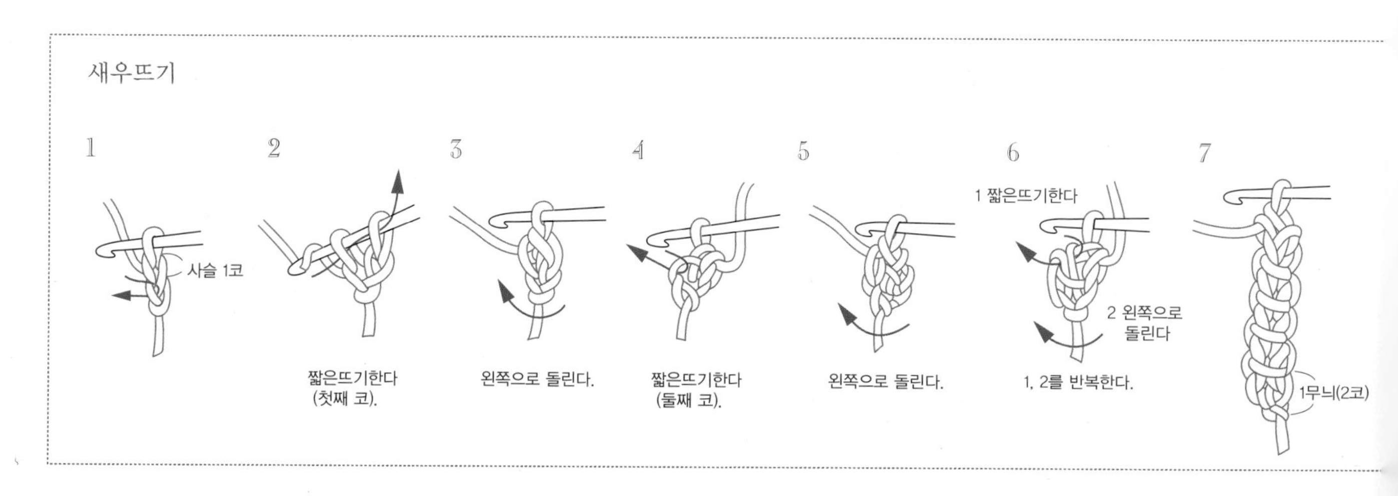

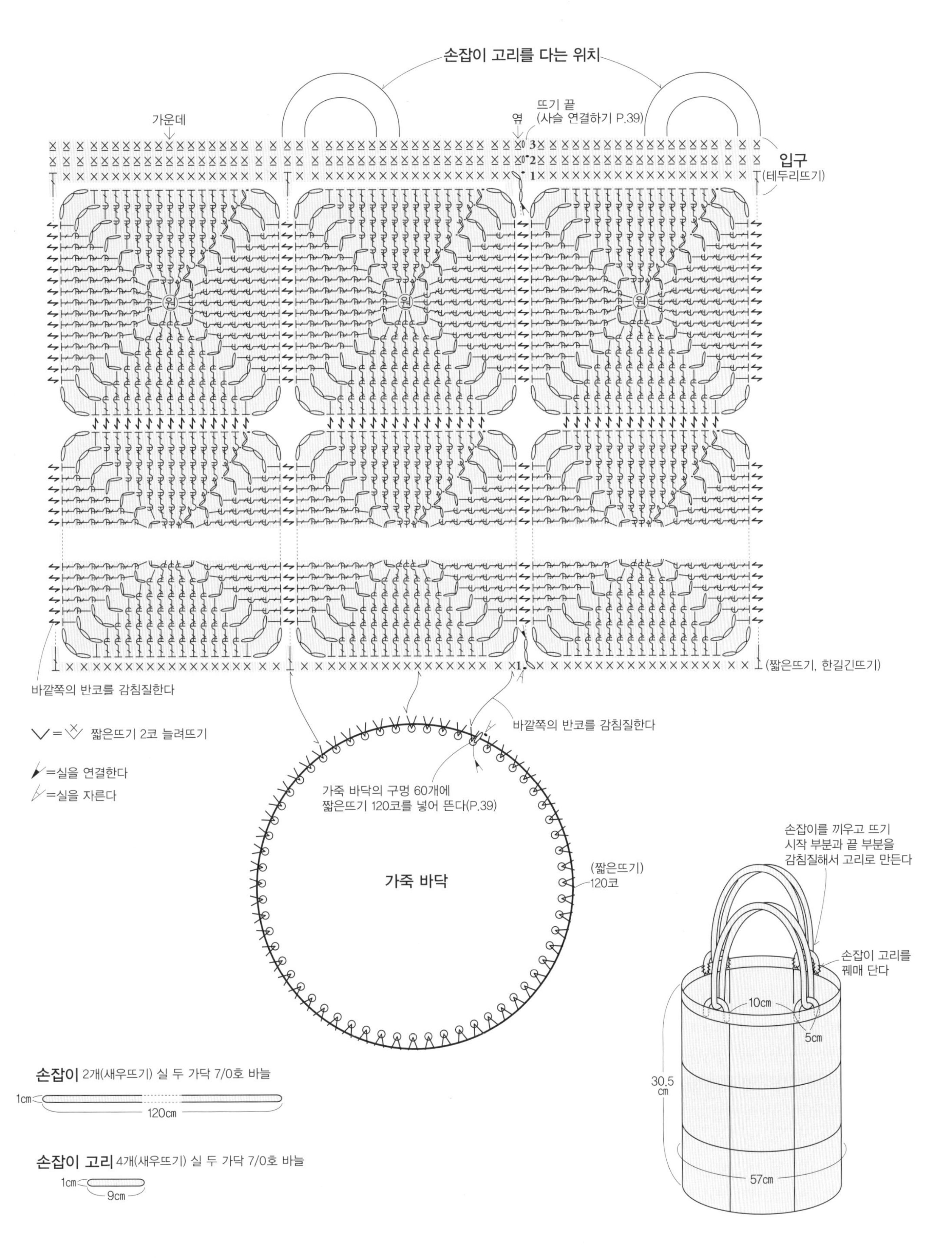
손잡이 고리를 다는 위치
가운데
뜨기 끝
(사슬 연결하기 P.39)
엮
3
2
1
입구
(테두리뜨기)
원
1.
(짧은뜨기, 한길긴뜨기)
바깥쪽의 반코를 감침질한다
바깥쪽의 반코를 감침질한다
= 짧은뜨기 2코 늘려뜨기
=실을 연결한다
=실을 자른다
가죽 바닥의 구멍 60개에
짧은뜨기 120코를 넣어 뜬다(P.39)
가죽 바닥
(짧은뜨기)
120코
손잡이를 끼우고 뜨기
시작 부분과 끝 부분을
감침질해서 고리로 만든다
손잡이 고리를
꿰매 단다
10cm
5cm
30.5 cm
57cm
손잡이 2개(새우뜨기) 실 두 가닥 7/0호 바늘
1cm
120cm
손잡이 고리 4개(새우뜨기) 실 두 가닥 7/0호 바늘
1cm
9cm

07 HAT

{photo} P.10

{준비물}
실 / 하마나카 에코안다리아 크로셰(30g 1볼)
베이지(803) 110g
바늘 / 하마나카 아미아미 양쪽 코바늘 라쿠라쿠 4/0호
기타 / 테크노로트(H204-593) 760㎝
열수축 튜브(H204-605) 5㎝
{게이지} 짧은뜨기 26코 33단=10㎝×10㎝
{완성 치수} 머리둘레 61.5㎝

{뜨는 방법} 실 한 가닥으로 뜹니다.
윗부분은 원형 시작코를 잡아 그림처럼 코를 늘려가며 짧은뜨기한 뒤 옆부분과 챙을 그림처럼 뜹니다. 끈이 통과하는 고리를 지정한 단의 4등분한 위치(약 15㎝ 간격)에 답니다. 끈을 떠서 고리에 통과시킵니다. 끈 끝에 태슬을 달고 끈을 묶어줍니다.

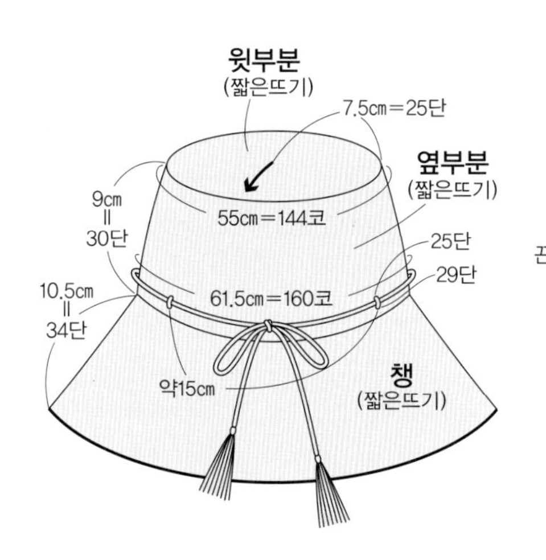

뜨기 끝
끈 1개
약 120㎝=사슬 200코
뜨기 시작

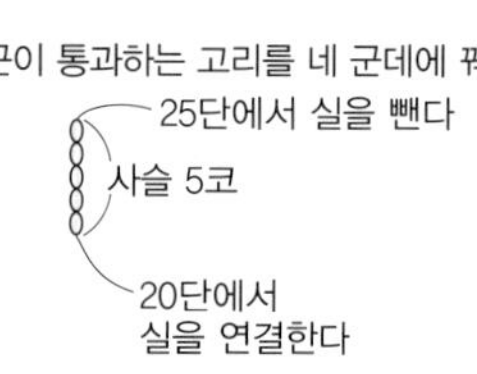

태슬 만드는 방법

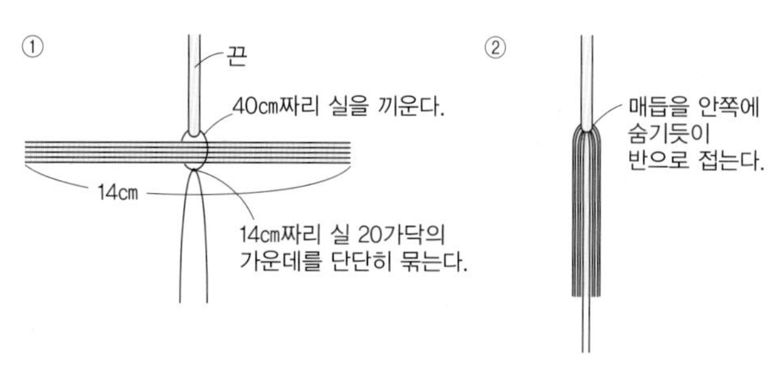

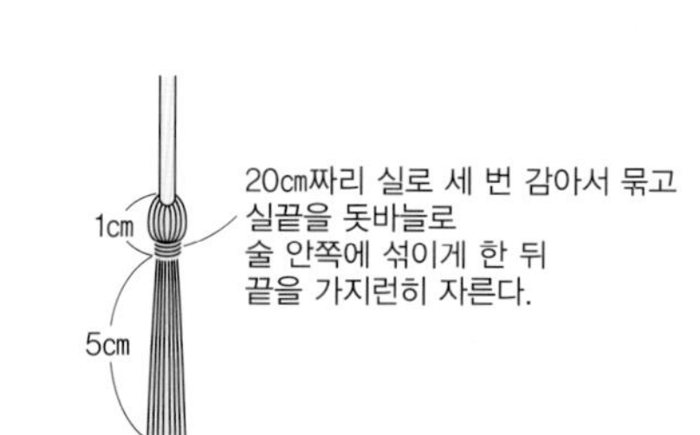

콧수와 코 늘리기

	단	콧수	코 늘리기
옆부분	22~30	160코	증감 없음
	21	160코	4코 늘린다
	18~20	156코	증감 없음
	17	156코	4코 늘린다
	5~16	152코	증감 없음
	4	152코	8코 늘린다
	1~3	144코	증감 없음
윗부분	25	144코	8코 늘린다
	24	136코	증감 없음
	23	136코	8코 늘린다
	22	128코	증감 없음
	21	128코	8코 늘린다
	19·20	120코	증감 없음
	18	120코	8코 늘린다
	17	112코	증감 없음
	16	112코	각 단마다 8코씩 늘린다
	15	104코	
	14	96코	증감 없음
	13	96코	각 단마다 8코씩 늘린다
	12	88코	
	11	80코	
	10	72코	
	9	64코	
	8	56코	
	7	48코	증감 없음
	6	48코	각 단마다 8코씩 늘린다
	5	40코	
	4	32코	
	3	24코	
	2	16코	
	1	원 속에 8코 넣어 뜨기	

	단	콧수	코 늘리기
챙	27~34	256코	증감 없음
	26	256코	8코 늘린다
	24·25	248코	증감 없음
	23	248코	8코 늘린다
	21·22	240코	증감 없음
	20	240코	8코 늘린다
	18·19	232코	증감 없음
	17	232코	8코 늘린다
	15·16	224코	증감 없음
	14	224코	각 단마다 8코씩 늘린다
	13	216코	
	12	208코	증감 없음
	11	208코	8코 늘린다
	10	200코	증감 없음
	9	200코	8코 늘린다
	7·8	192코	증감 없음
	6	192코	8코 늘린다
	4·5	184코	증감 없음
	3	184코	각 단마다 8코씩 늘린다
	2	176코	
	1	168코	

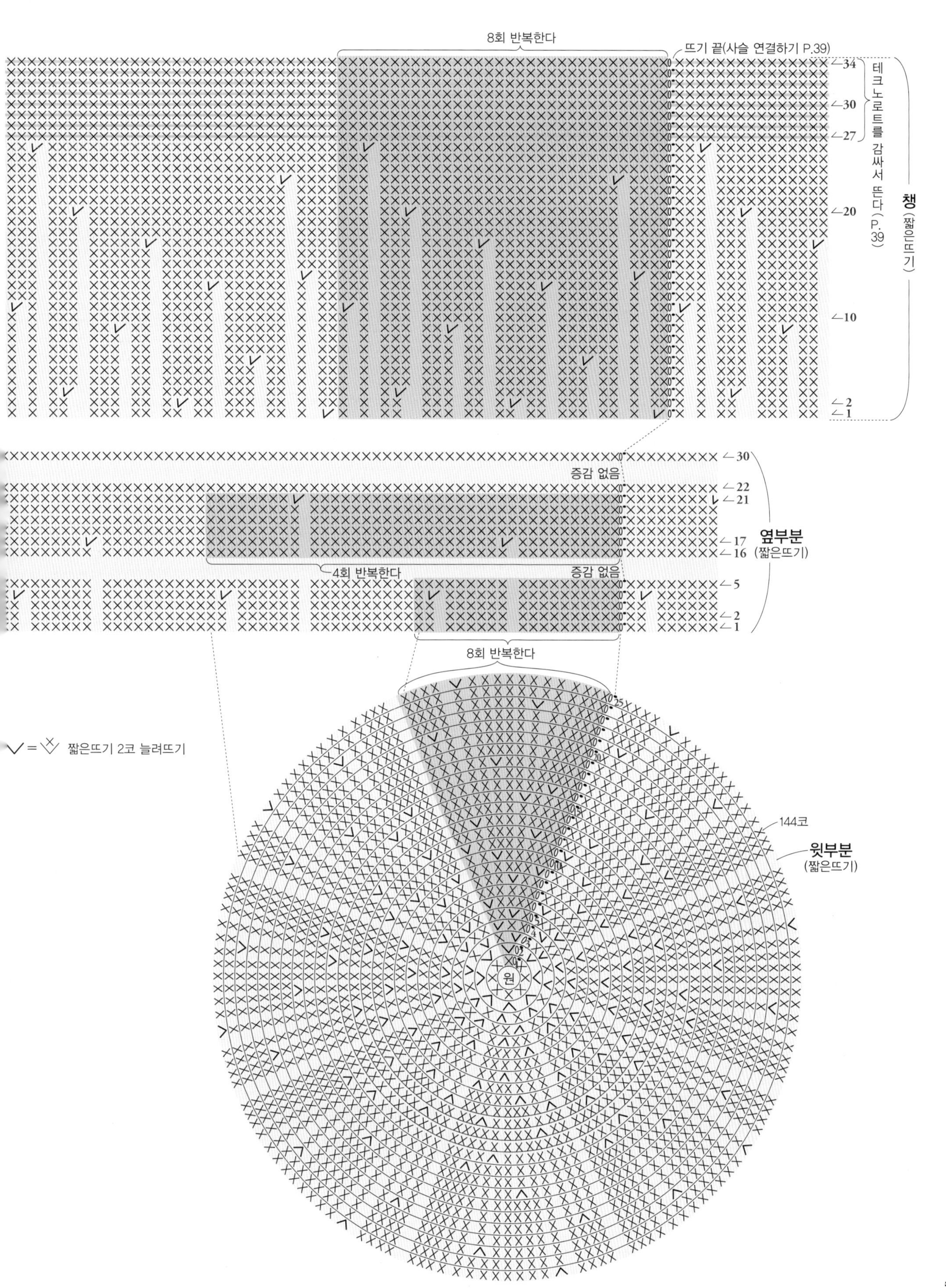
8회 반복한다
뜨기 끝(사슬 연결하기 P.39)
34
30
27
20
10
2
1
테크노로트를 감싸서 뜬다(P.39)
챙
(짧은뜨기)
30
증감 없음
22
21
17
16
옆부분
(짧은뜨기)
4회 반복한다
증감 없음
5
2
1
8회 반복한다
= 짧은뜨기 2코 늘려뜨기
144코
윗부분
(짧은뜨기)
원

08 BAG

{photo} P.12

{준비물}
실 / 하마나카 에코안다리아(40g 1볼)
A 네이비(57) 65g, 흰색(1) 40g
B 베이지(23) 60g, 흰색(1) 30g
바늘 / 하마나카 아미아미 양쪽 코바늘 라쿠라쿠 5/0호
{게이지} 무늬뜨기 22.5코 17.5단=10cm×10cm
{완성 치수} 그림 참조

{뜨는 방법} 실 한 가닥을 사용해서 지정한 배색대로 뜹니다.
별도로 지정한 것 외에는 AB 공통으로 사용합니다. 바닥은 사슬 50코로 시작코를 만들고 A 2단, B 10단을 왕복해서 짧은뜨기합니다. 그런 다음 바닥 둘레에서 A 104코(26무늬), B 120코(30무늬)를 주워 A 34단, B 26단을 무늬뜨기합니다. 손잡이는 사슬 56코로 시작코를 만들어서 1단을 한길긴뜨기한 뒤 반으로 접어서 빼뜨기로 잇습니다. 손잡이를 옆면 안쪽에 감침질해서 답니다.

A

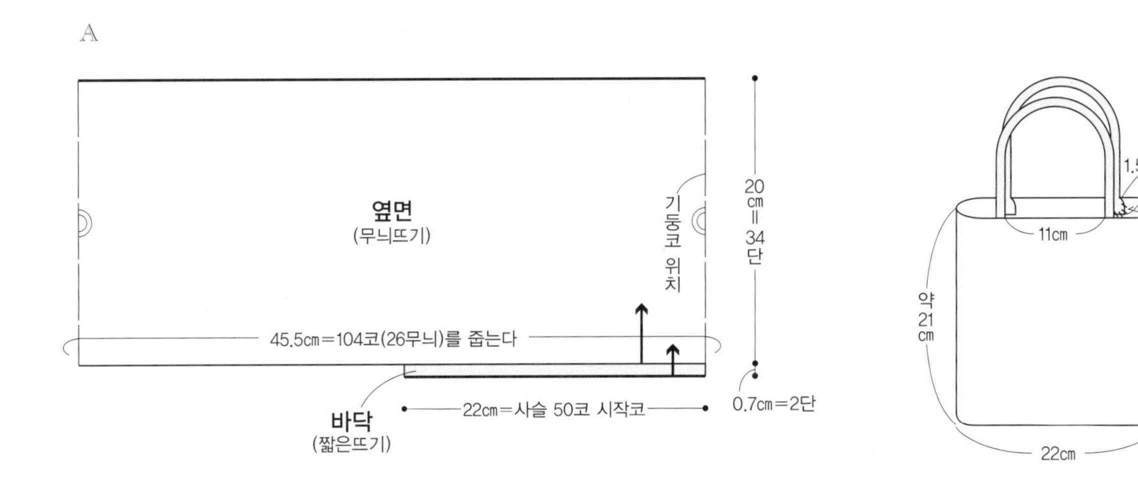

B

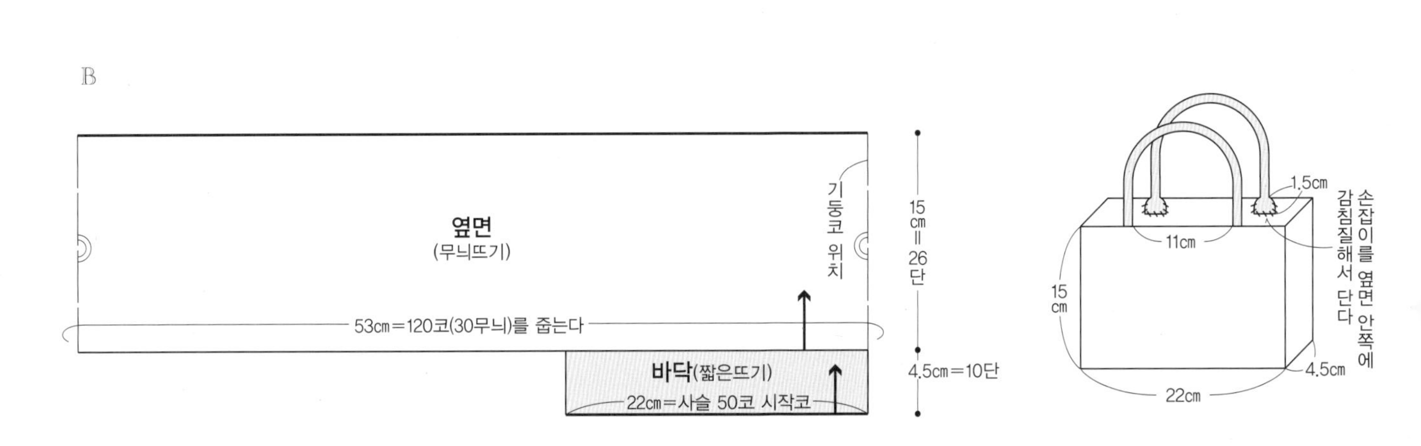

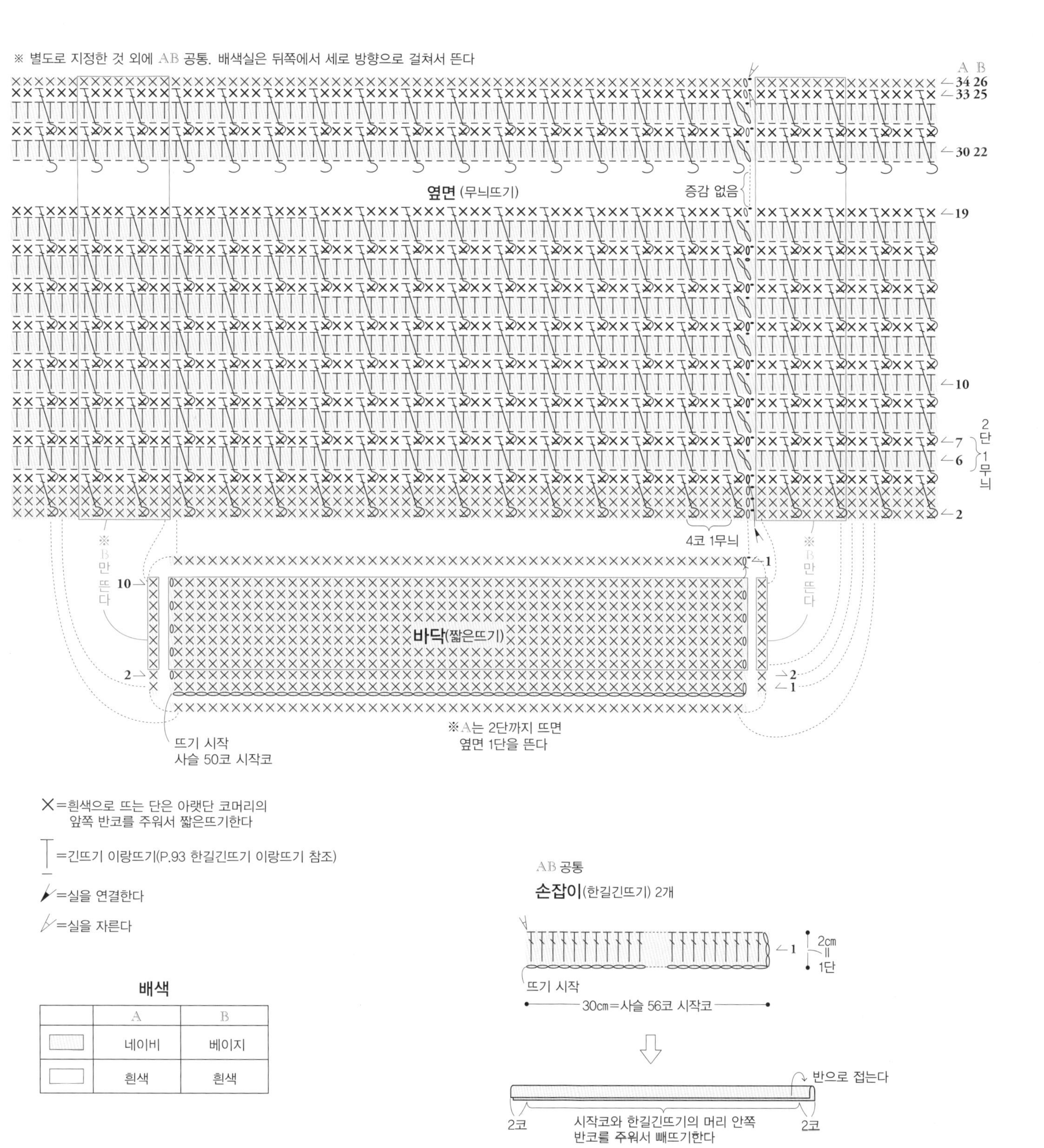

배색

	A	B
(배색실)	네이비	베이지
(흰 칸)	흰색	흰색

09 BAG

{photo} P.13

{준비물}
실 / 하마나카 에코안다리아(40g 1볼)
베이지(23) 270g
바늘 / 하마나카 아미아미 양쪽 코바늘 라쿠라쿠 6/0호
{게이지} 무늬뜨기 16.5코 11단=10㎝×10㎝
{완성 치수} 그림 참조

{뜨는 방법} 실 한 가닥으로 뜹니다.
원형 시작코를 잡아 한길긴뜨기 16코를 넣어 뜹니다. 2단부터는 그림과 같이 콧수를 늘렸다 줄였다 해가며 바닥과 옆면을 무늬뜨기합니다. 그런 다음 입구와 손잡이를 뜨는데 지정한 위치에서 사슬 60코를 뜹니다.

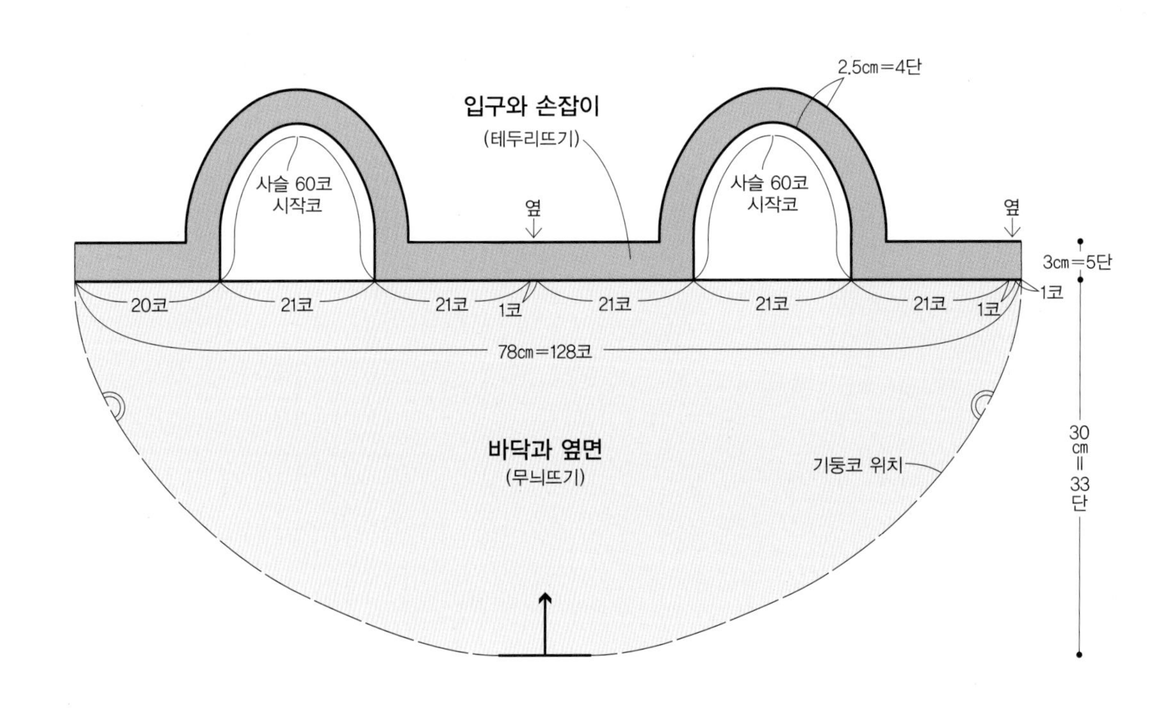

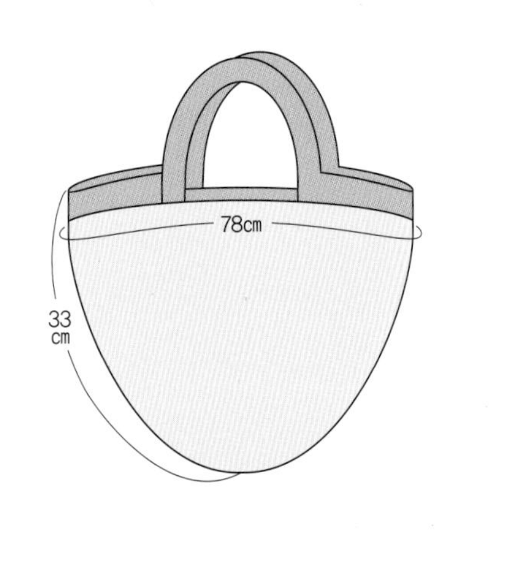

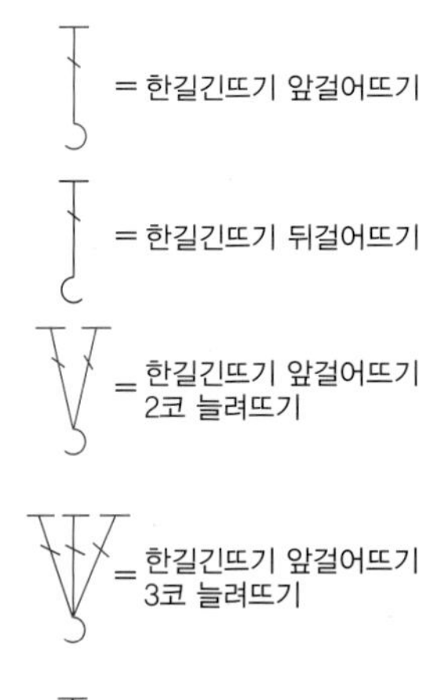

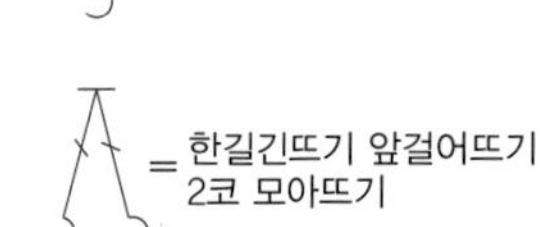

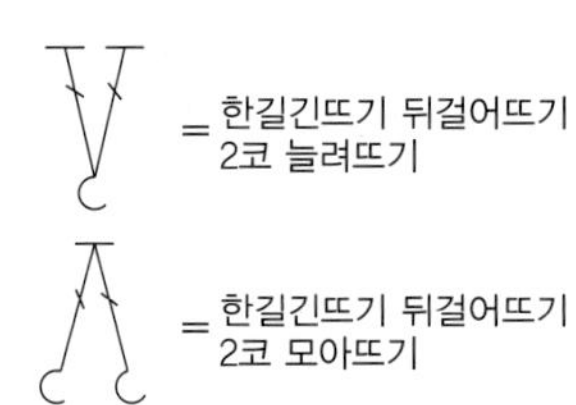

= 짧은뜨기 뒤걸어뜨기

= 짧은뜨기 뒤걸어뜨기와 짧은뜨기 2코 모아뜨기

= 짧은뜨기 2코 모아뜨기

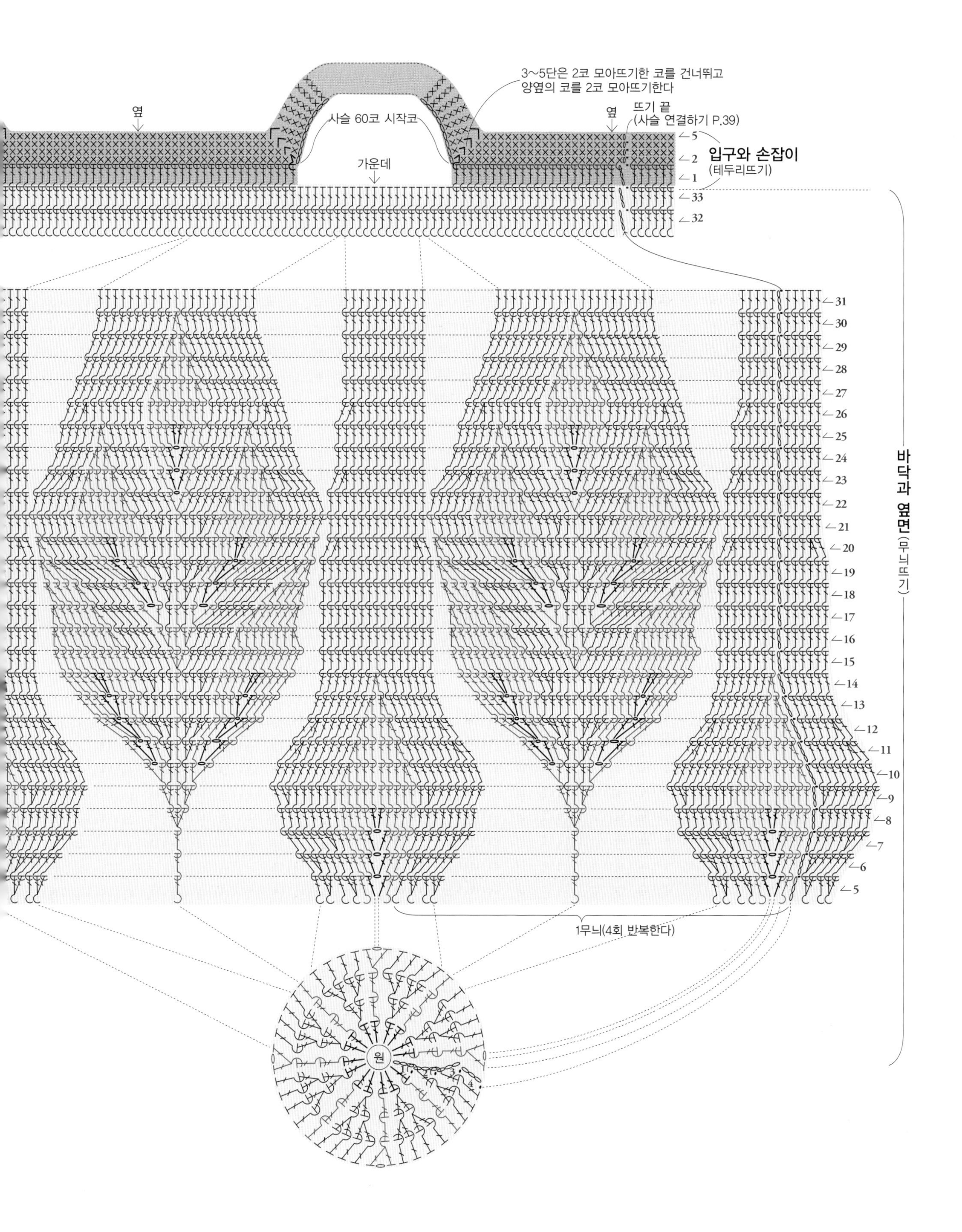
3~5단은 2코 모아뜨기한 코를 건너뛰고
양옆의 코를 2코 모아뜨기한다
옆
사슬 60코 시작코
옆
뜨기 끝
(사슬 연결하기 P.39)
가운데
5
2
1
입구와 손잡이
(테두리뜨기)
33
32
31
30
29
28
27
26
25
24
23
22
21
20
19
18
17
16
15
14
13
12
11
10
9
8
7
6
5
바닥과 옆면(무늬뜨기)
1무늬(4회 반복한다)
원
2
3
4

10 CAP

{photo} P.14

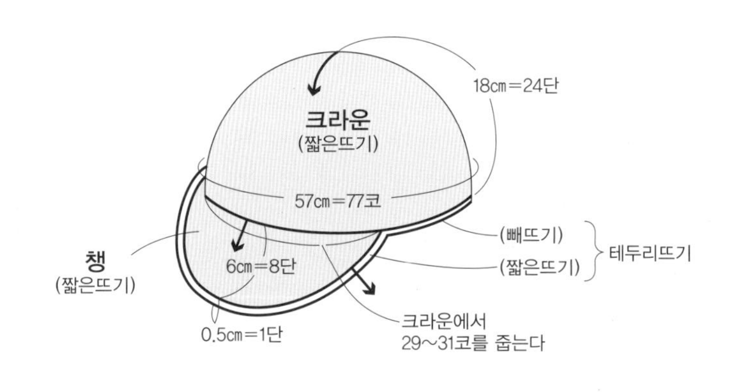

{준비물}
실 / 하마나카 에코안다리아(40g 1볼)
베이지(23) 100g
바늘 / 하마나카 아미아미 양쪽 코바늘 라쿠라쿠 10/0호
기타 / 테크노로트(H204-593) 220cm
열수축 튜브(H204-605) 5cm
{게이지} 짧은뜨기 13.5코 13.5단=10cm×10cm
{완성 치수} 머리둘레 57cm, 높이 18cm

{뜨는 방법} 실 두 가닥으로 뜹니다.
크라운은 원형 시작코를 잡아 짧은뜨기 7코를 넣어 뜹니다. 2단부터는 기둥코 없이 그림처럼 코를 늘려가며 둥글게 돌려 뜹니다. 테두리뜨기 끝 부분은 빼뜨기로 고정합니다. 챙은 크라운의 지정 위치에 실을 연결해서 테크노로트를 감싸서 뜨며 그림과 같이 8단을 짧은뜨기합니다. 크라운의 마지막코에 실을 연결해서 크라운과 챙에 연속해서 테두리뜨기합니다.

크라운의 콧수와 코 늘리기

단	콧수	코 늘리기
21~24	77코	증감 없음
20	77코	7코 늘린다
12~19	70코	증감 없음
11	70코	각 단마다 7코씩 늘린다
10	63코	
9	56코	
8	49코	
7	42코	증감 없음
6	42코	각 단마다 7코씩 늘린다
5	35코	
4	28코	
3	21코	
2	14코	
1	원 속에 7코 넣어 뜨기	

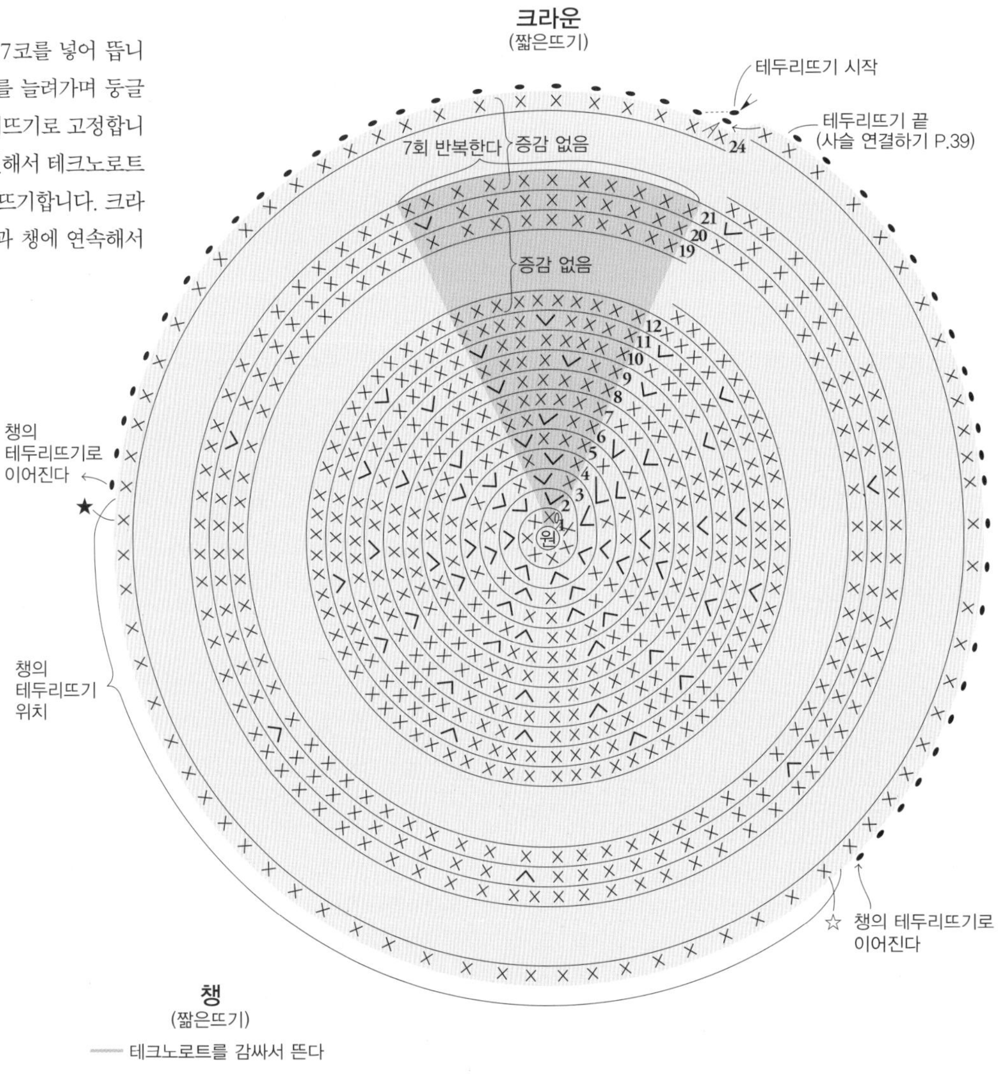

⋁ = 짧은뜨기 2코 늘려뜨기
⋀ = 짧은뜨기 2코 모아뜨기
=실을 연결한다 =실을 자른다

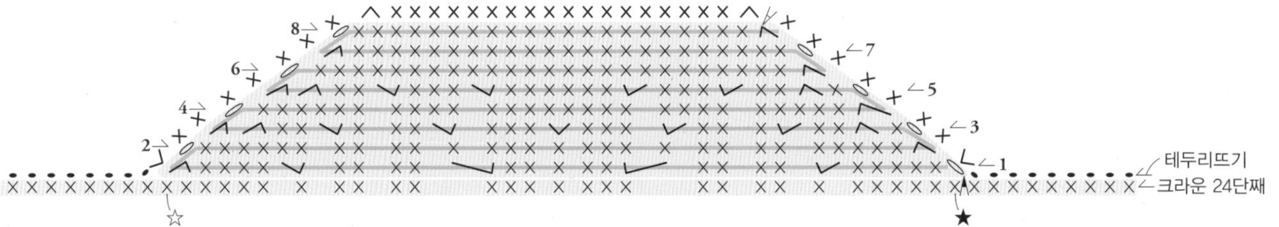

12 BERET

{photo} P.16

{준비물}
실 / 하마나카 에코안다리아(40g 1볼)
회색(148) 60g, 노랑(11) 20g
바늘 / 하마나카 아미아미 양쪽 코바늘 라쿠라쿠 4/0호, 6/0호
기타 / 지름 2㎜짜리 왁스 끈 약 70㎝
{게이지} 짧은뜨기 16코 17단=10㎝×10㎝
{완성 치수} 그림 참조

{뜨는 방법} 실 한 가닥을 사용해서 안단과 고리를 제외하고 회색으로 뜹니다. 원형 시작코를 잡아 짧은뜨기 6코를 넣어 뜹니다. 크라운은 2단부터 그림처럼 코를 늘려가며 짧은뜨기하고 안단을 무늬뜨기합니다. 고리는 사슬 10코로 시작코를 만들어서 짧은뜨기한 뒤 반으로 접어서 윗부분에 꿰매 붙입니다. 안단을 안쪽으로 꺾고 스팀다리미로 모양을 잡습니다.

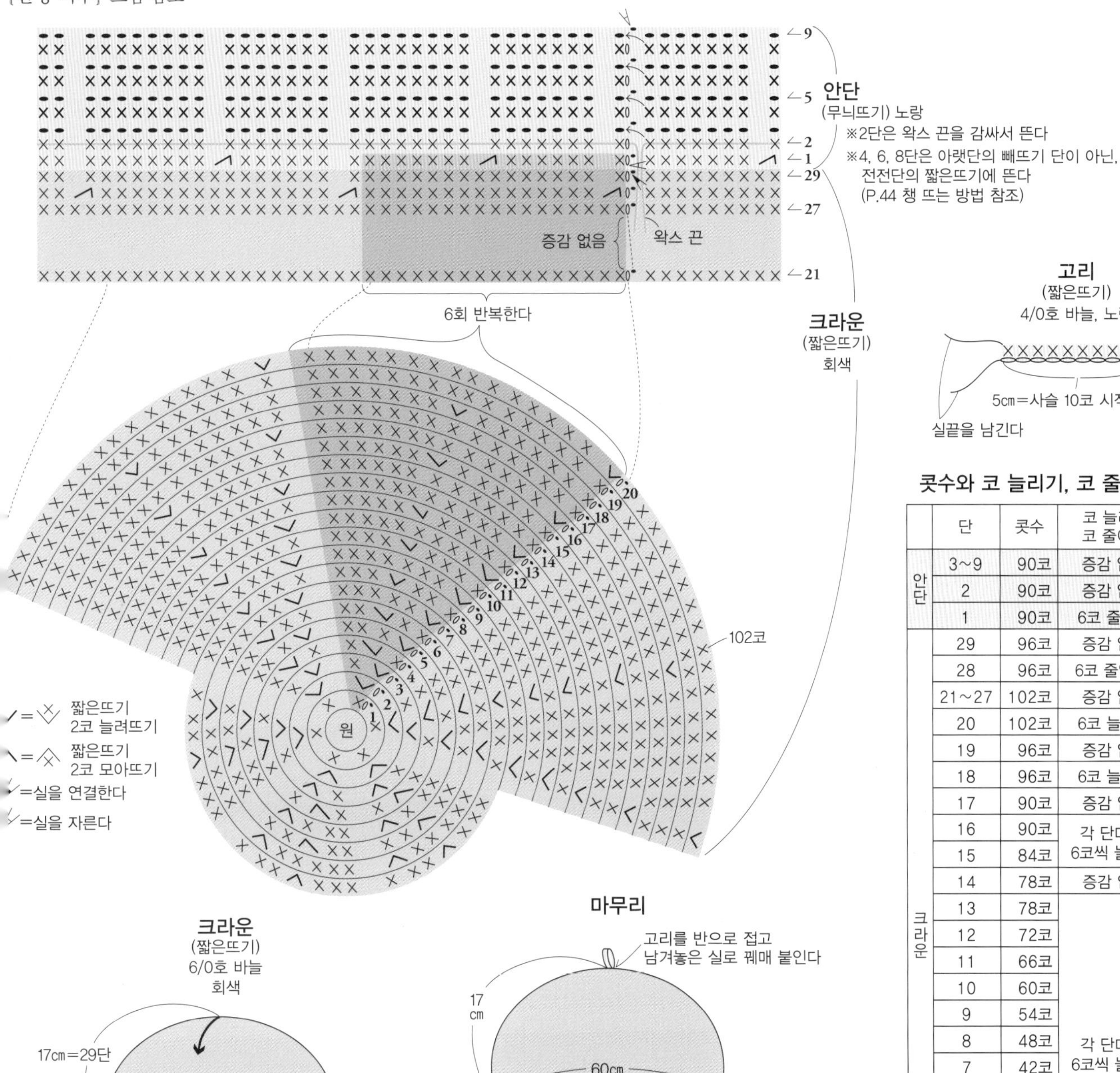

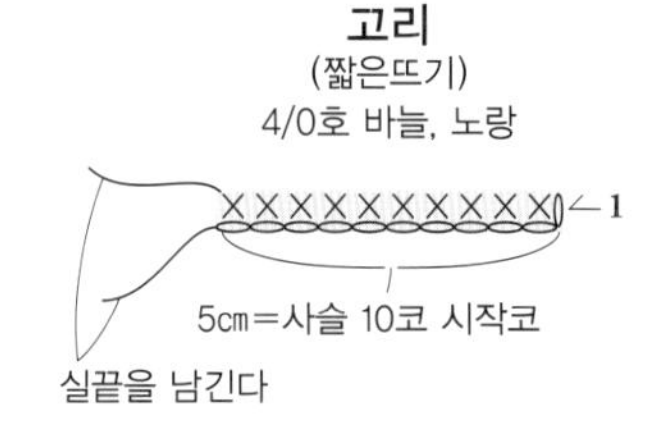

콧수와 코 늘리기, 코 줄이기

	단	콧수	코 늘리기, 코 줄이기
안단	3~9	90코	증감 없음
	2	90코	증감 없음 (왁스 끈을 감싸서 뜬다)
	1	90코	6코 줄인다
크라운	29	96코	증감 없음
	28	96코	6코 줄인다
	21~27	102코	증감 없음
	20	102코	6코 늘린다
	19	96코	증감 없음
	18	96코	6코 늘린다
	17	90코	증감 없음
	16	90코	각 단마다 6코씩 늘린다
	15	84코	
	14	78코	증감 없음
	13	78코	각 단마다 6코씩 늘린다
	12	72코	
	11	66코	
	10	60코	
	9	54코	
	8	48코	
	7	42코	
	6	36코	
	5	30코	
	4	24코	
	3	18코	
	2	12코	
	1	원 속에 6코 넣어 뜨기	

크라운
(짧은뜨기)
6/0호 바늘
회색

17㎝=29단
60㎝=96코
3.5㎝=9단
56㎝=90코

안단
(무늬뜨기)
6/0호 바늘, 노랑

마무리

고리를 반으로 접고
남겨놓은 실로 꿰매 붙인다
17㎝
60㎝
안단을 안쪽으로 꺾는다
(2단의 왁스 끈은
안쪽에서 원으로 묶는다)

11 BAG

{photo} P.14

{준비물}
실 / 하마나카 에코안다리아(40g 1볼)
베이지(23) 200g, 검정(30) 40g
바늘 / 하마나카 아미아미 양쪽 코바늘 라쿠라쿠 4/0호, 6/0호
기타 / 하마나카 가죽 바닥(대) 짙은 갈색
(지름 20㎝ / H204-616) 1장
{게이지} 무늬뜨기 3무늬=5.5㎝ 3무늬(6단)=5.5㎝
{완성 치수} 그림 참조

{뜨는 방법} 실 한 가닥을 사용해서 무늬뜨기의 줄무늬 외에는 베이지로 뜹니다.
바닥은 가죽 바닥의 구멍 60개에 한 코씩 빼뜨기를 한 뒤 짧은뜨기 120코를 주워서 그림과 같이 152코로 늘립니다. 그런 다음 옆면을 지정한 배색에 따라 검정과 베이지를 교대로 써서 줄무늬로 무늬뜨기하거나 베이지 단색으로 무늬뜨기하되, 각 단마다 뜨는 방향을 바꿔가며 원통으로 뜹니다. 단 끝 부분은 실을 자르지 않고 바늘에 걸린 고리를 당겨 벌린 후 실타래를 통과시켜 고정하고 다음 단으로 넘깁니다. 입구에 1단을 되돌아 짧은뜨기합니다. 어깨끈, 안단, 끈 스토퍼, 입구 여밈 끈은 사슬로 시작코를 만들어서 그림과 같이 뜹니다. 어깨끈을 꿰매 붙인 뒤 안단을 꿰매 붙이고 입구 여밈 끈을 끼워서 끈 스토퍼를 답니다.

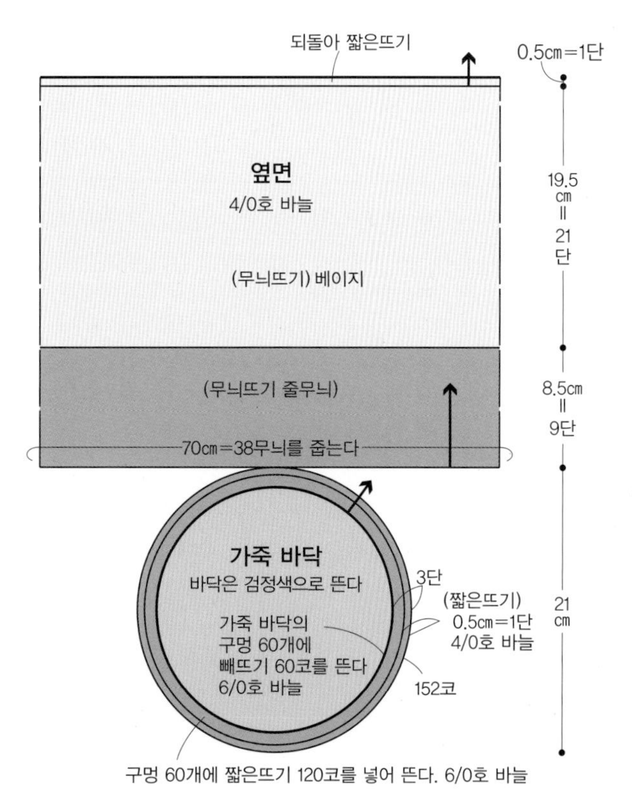

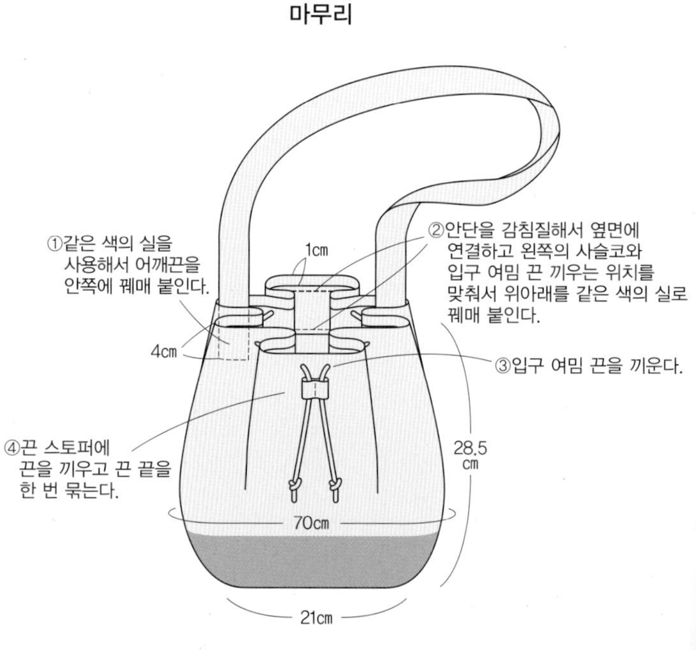

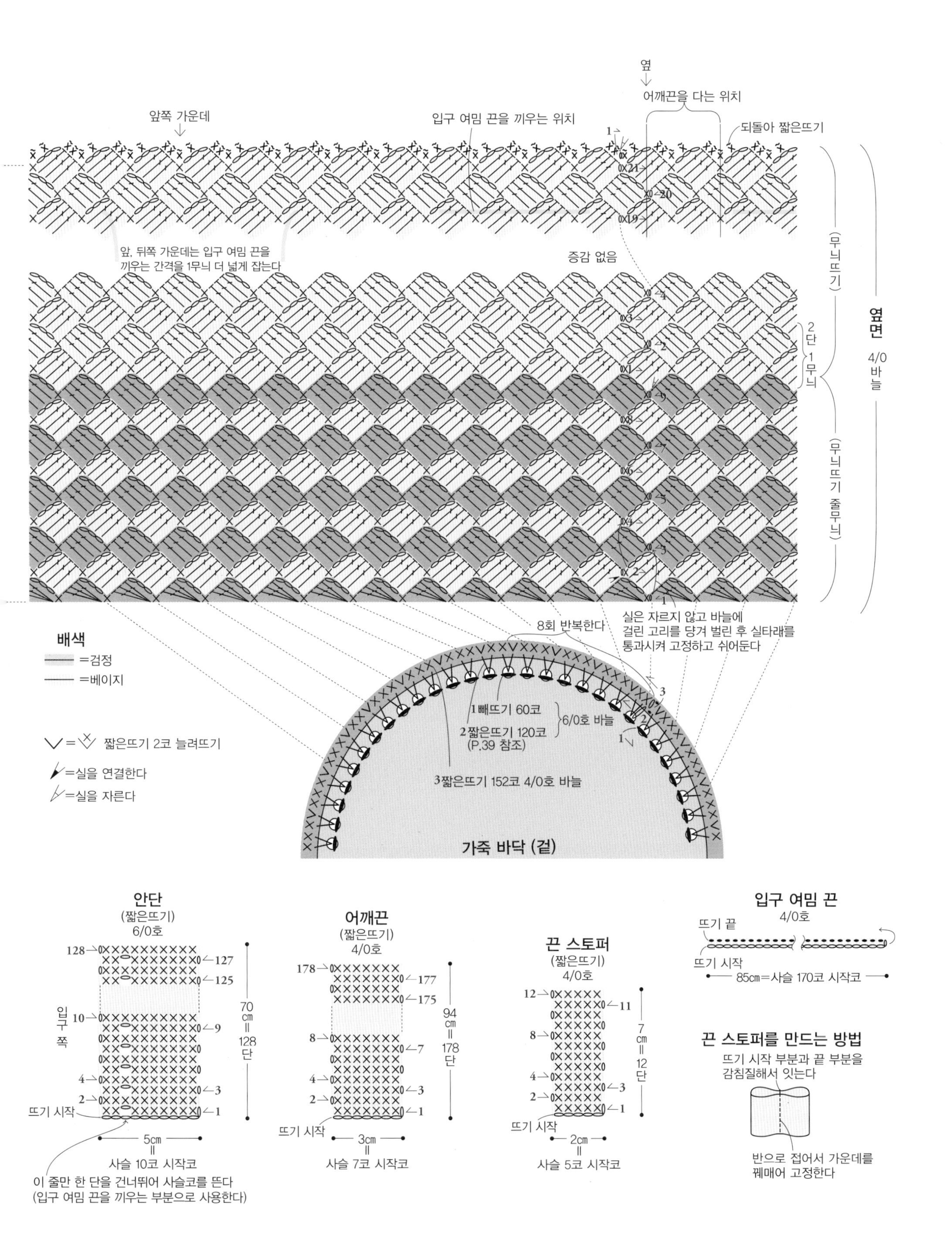

옆
어깨끈을 다는 위치
앞쪽 가운데
입구 여밈 끈을 끼우는 위치
되돌아 짧은뜨기
앞, 뒤쪽 가운데는 입구 여밈 끈을
끼우는 간격을 1무늬 더 넓게 잡는다
증감 없음
(무늬뜨기)
2단
1무늬
(무늬뜨기 줄무늬)
옆면
4/0 바늘
8회 반복한다
실은 자르지 않고 바늘에
걸린 고리를 당겨 벌린 후 실타래를
통과시켜 고정하고 쉬어둔다
배색
=검정
=베이지
=짧은뜨기 2코 늘려뜨기
=실을 연결한다
=실을 자른다
1빼뜨기 60코
2짧은뜨기 120코
(P.39 참조)
6/0호 바늘
3짧은뜨기 152코 4/0호 바늘
가죽 바닥 (겉)
안단
(짧은뜨기)
6/0호
입구쪽
70cm = 128단
뜨기 시작
5cm = 사슬 10코 시작코
이 줄만 한 단을 건너뛰어 사슬코를 뜬다
(입구 여밈 끈을 끼우는 부분으로 사용한다)
어깨끈
(짧은뜨기)
4/0호
94cm = 178단
뜨기 시작
3cm = 사슬 7코 시작코
끈 스토퍼
(짧은뜨기)
4/0호
7cm = 12단
뜨기 시작
2cm = 사슬 5코 시작코
입구 여밈 끈
4/0호
뜨기 끝
뜨기 시작
85cm=사슬 170코 시작코
끈 스토퍼를 만드는 방법
뜨기 시작 부분과 끝 부분을
감침질해서 잇는다
반으로 접어서 가운데를
꿰매어 고정한다

13 BAG

{photo} P.17

{준비물}
실 / 하마나카 에코안다리아(40g 1볼)
그린(17) 200g
바늘 / 하마나카 아미아미 양쪽 코바늘 라쿠라쿠 7/0호
{게이지} 짧은뜨기 17코 17.5단=10㎝×10㎝
{완성 치수} 그림 참조

{뜨는 방법} 실 한 가닥으로 뜹니다.
바닥은 사슬 50코로 시작코를 만들고 25단을 짧은뜨기 합니다. 옆면은 지정한 위치에 실을 연결하여 각 단마다 뜨는 방향을 바꿔가며 짧은뜨기해서 원통으로 뜹니다. 손잡이는 지정한 위치에 실을 연결해 55단을 짧은뜨기 하고 옆면에 감침질해서 답니다. 반대쪽 손잡이도 같은 방법으로 달아주세요. 옆면에서 손잡이에 이어서 그림과 같이 빼뜨기합니다.

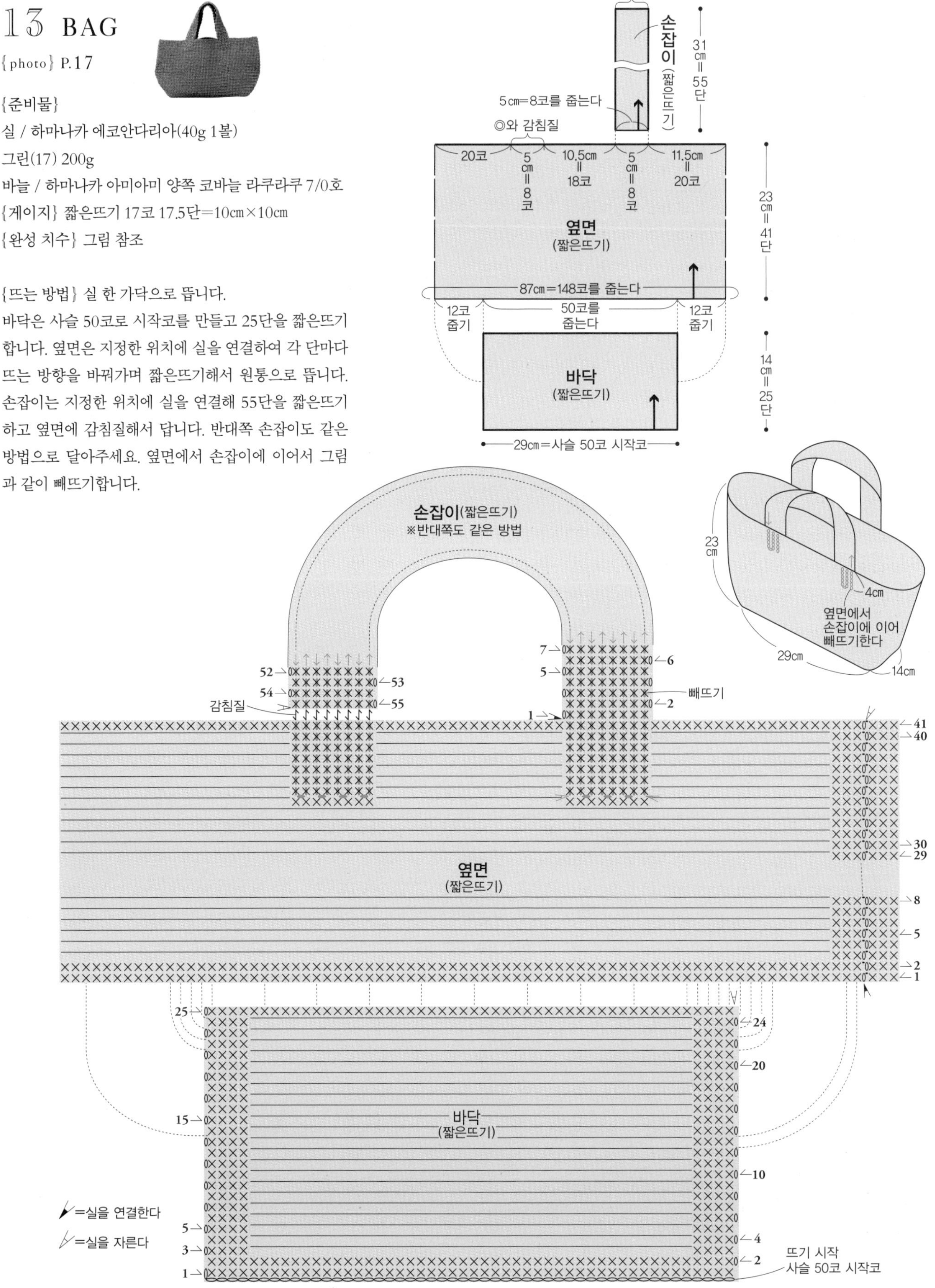

22 BAG

{photo} P.27

{준비물}

실 / 하마나카 에코안다리아(40g 1볼)

A 회색(148) 120g, B 레트로핑크(71) 120g

바늘 / 하마나카 아미아미 양쪽 코바늘 라쿠라쿠 6/0호

{게이지} 무늬뜨기A 18코=10cm, 8단=9cm

무늬뜨기B 1무늬=15.5cm, 8.5단=10cm

{완성 치수} 입구 둘레 62cm, 높이 20.5cm

{뜨는 방법} 실 한 가닥으로 뜹니다.

바닥은 원형 시작코를 잡아 무늬뜨기A로 코를 늘려가며 사각형으로 뜹니다. 옆면은 무늬뜨기B로 콧수의 증감 없이 뜨는데, 옆면의 1단은 네 변의 가운데 1코를 건너뛰어 줍고 마지막 단은 빼뜨기합니다. 손잡이는 사슬 80코로 시작코를 만들고 그림과 같이 짧은뜨기와 빼뜨기를 합니다. 손잡이를 지정한 위치에 끼워서 꿰매 붙입니다.

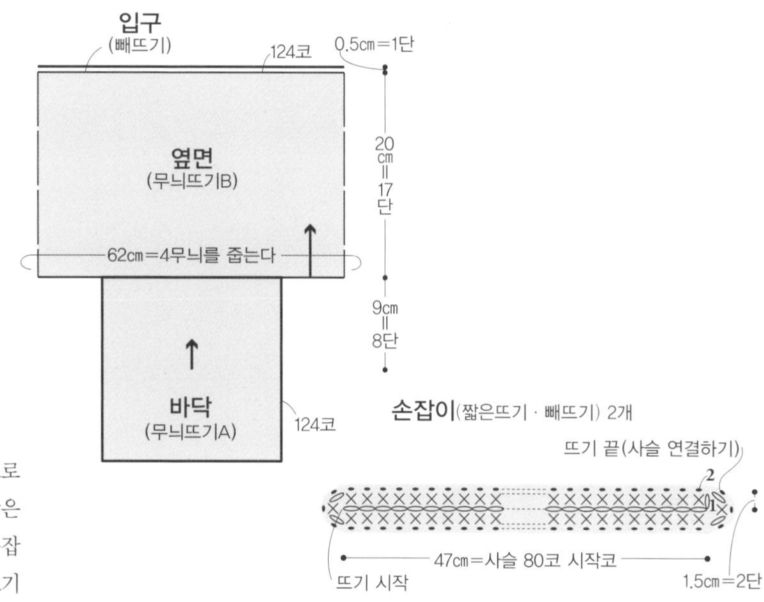

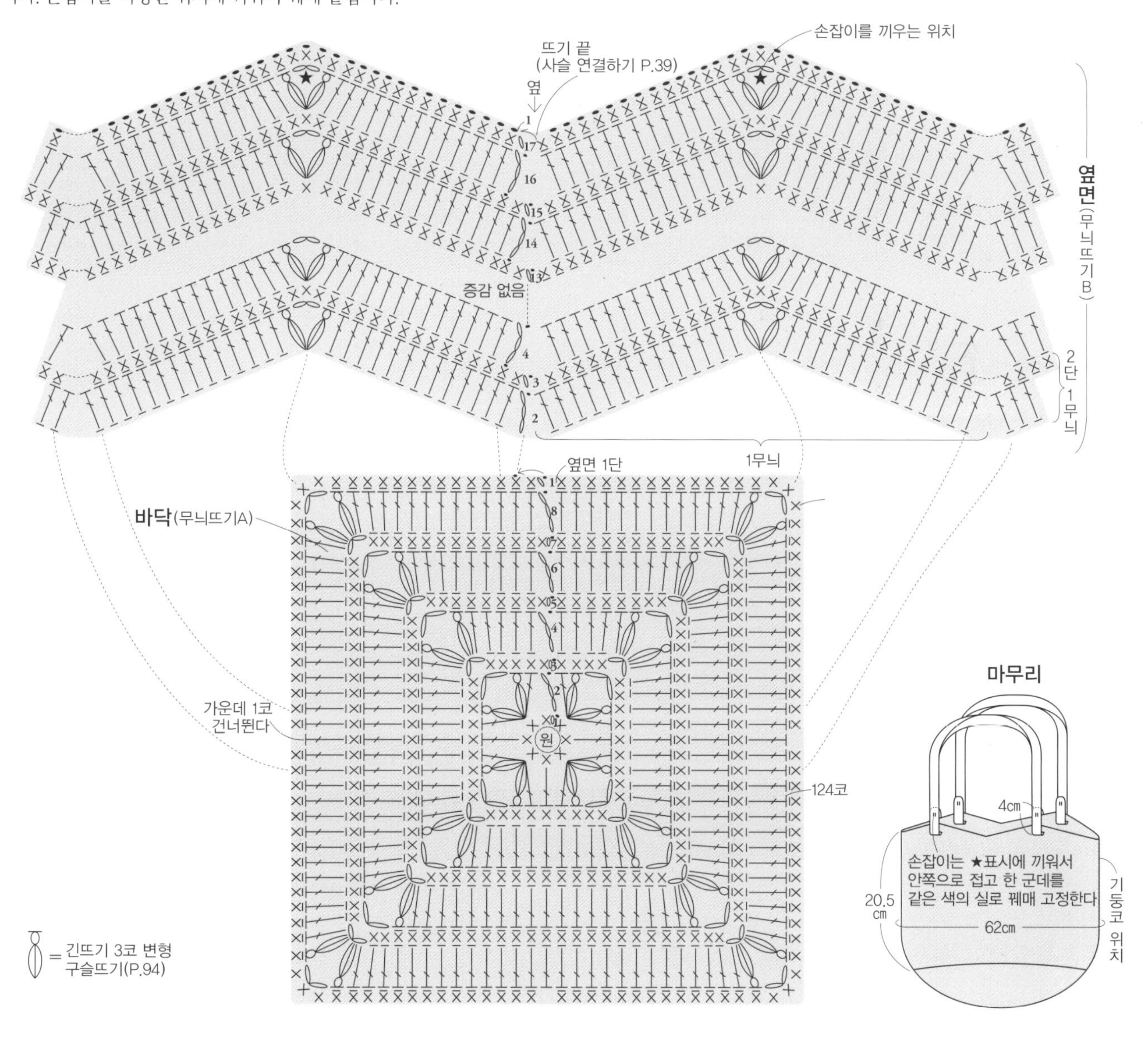

14 BAG

{photo} P.18

{준비물}

실 / 하마나카 에코안다리아(40g 1볼)

골드(170) 220g

바늘 / 하마나카 아미아미 양쪽 코바늘 라쿠라쿠 7/0호

기타 / 지름 1.8㎝짜리 면 끈 100㎝, 수예용 접착제, 손바느질용 실

{게이지} 짧은뜨기 18코 20단=10㎝×10㎝

긴뜨기 16.5코 14단=10㎝×10㎝

{완성 치수} 그림 참조

{뜨는 방법} 실 한 가닥으로 뜹니다. 면 끈을 고리 모양으로 연결해놓습니다. 바닥은 사슬 50코로 시작코를 만들고 콧수의 증감 없이 21단을 왕복해서 짧은뜨기한 뒤 실을 자릅니다. 옆면은 지정한 위치에 실을 연결해서 콧수의 증감 없이 33단을 원통으로 긴뜨기한 뒤 실을 자릅니다. 입구는 지정한 위치에 실을 연결해서 그림과 같이 코 줄이기에 주의해 15단을 왕복해서 긴뜨기하고 실을 쉬어둡니다. 그런 다음 입구의 7~15단을 안쪽으로 접고 면 끈을 끼워서 바깥쪽을 보며 빼뜨기로 꿰맵니다.

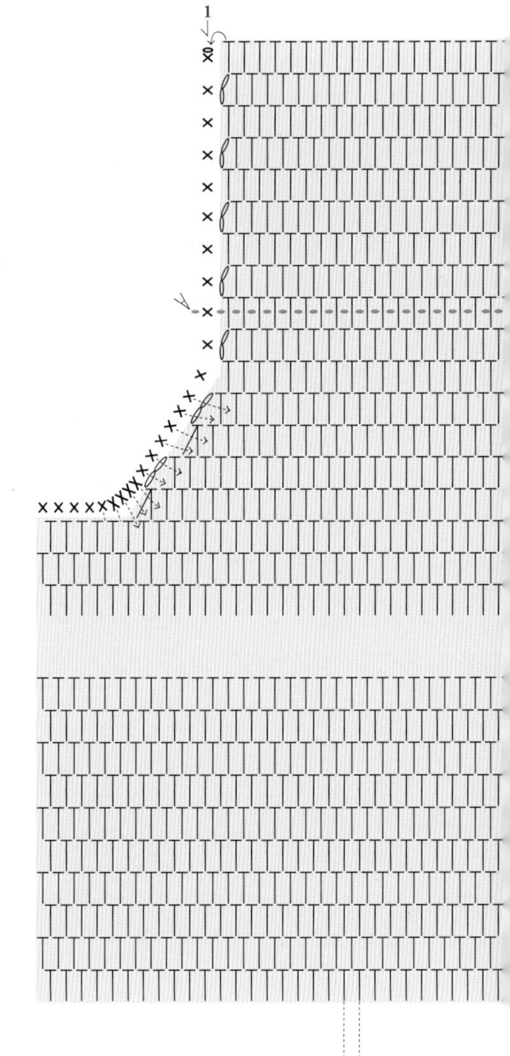

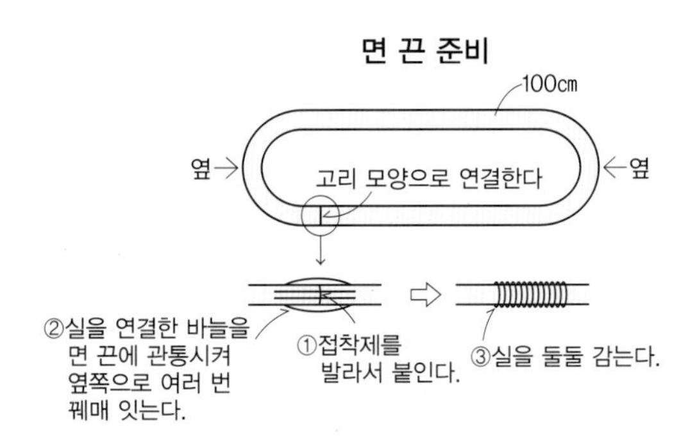

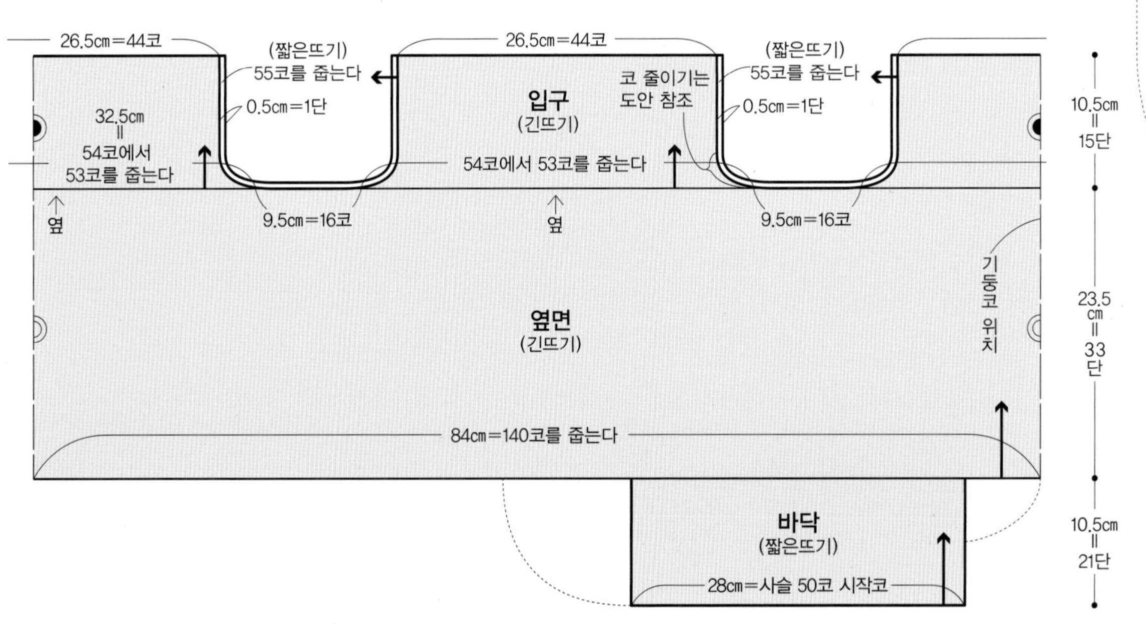

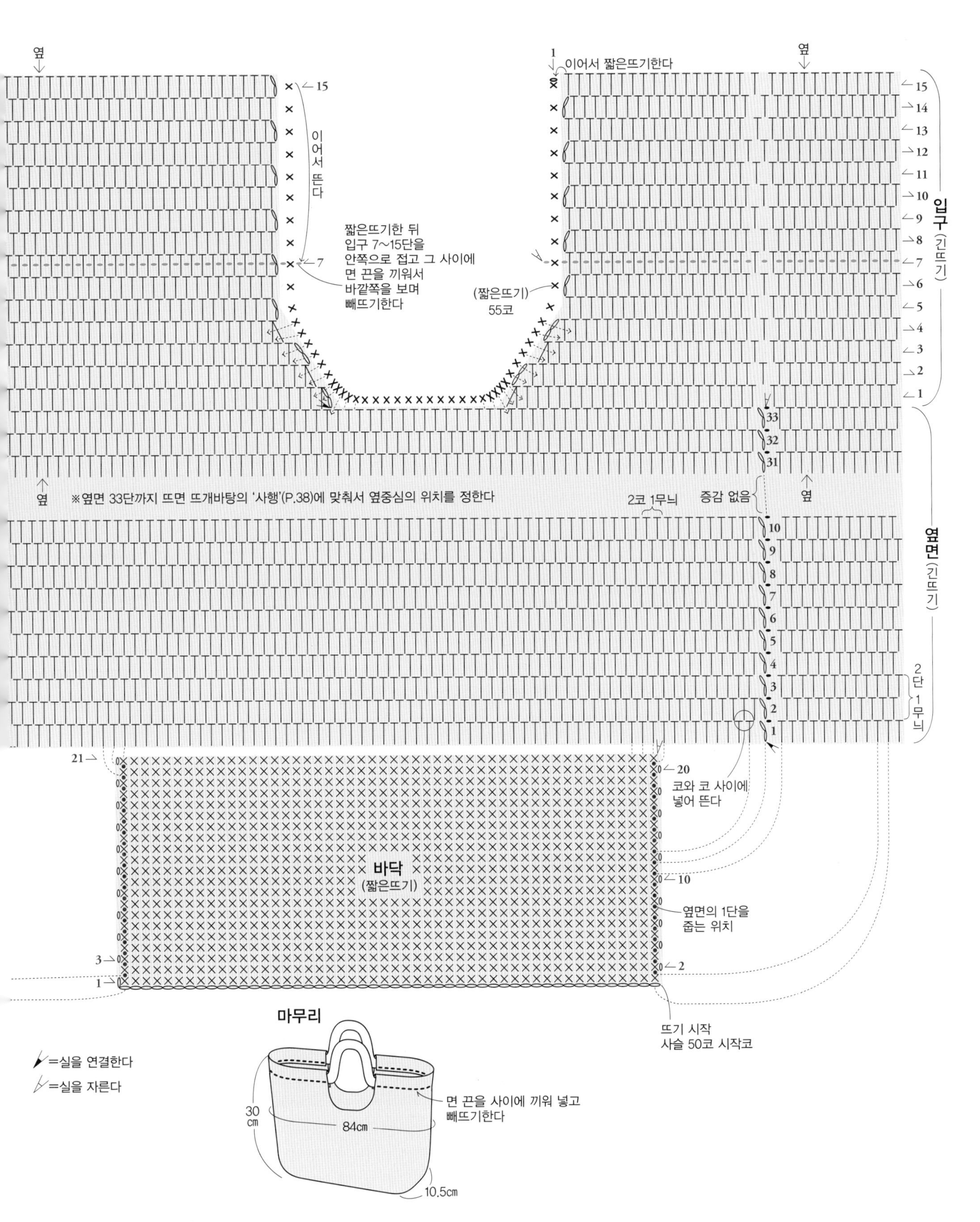
옆
옆
1
이어서 짧은뜨기한다
15
이어서 뜬다
7
짧은뜨기한 뒤
입구 7~15단을
안쪽으로 접고 그 사이에
면 끈을 끼워서
바깥쪽을 보며
빼뜨기한다
(짧은뜨기)
55코
입구
(긴뜨기)
15
14
13
12
11
10
9
8
7
6
5
4
3
2
1
33
32
31
옆
※옆면 33단까지 뜨면 뜨개바탕의 '사행'(P.38)에 맞춰서 옆중심의 위치를 정한다
2코 1무늬
증감 없음
옆
10
9
8
7
6
5
4
3
2
1
옆면
(긴뜨기)
2단 1무늬
21
20
코와 코 사이에
넣어 뜬다
바닥
(짧은뜨기)
10
옆면의 1단을
줍는 위치
3
2
1
뜨기 시작
사슬 50코 시작코
마무리
=실을 연결한다
=실을 자른다
면 끈을 사이에 끼워 넣고
빼뜨기한다
30cm
84cm
10.5cm

15 BAG

{photo} P.19

{준비물}
실 / 하마나카 에코안다리아(40g 1볼)
라임옐로(19) 150g, 흰색(1) 50g
바늘 / 하마나카 아미아미 양쪽 코바늘 라쿠라쿠 6/0호
{게이지} 무늬뜨기B 3무늬=9.5㎝
2무늬(8단)=5.5㎝
{완성 치수} 그림 참조

{뜨는 방법} 실 한 가닥을 사용해서 무늬뜨기 외에는 라임옐로로 뜹니다.
바닥은 원형 시작코를 잡아 짧은뜨기 8코를 넣어 뜹니다. 2단부터는 그림처럼 코를 늘려가며 14단까지 뜹니다. 그런 다음 무늬뜨기A, B로 옆면을 뜨고 입구와 손잡이를 그림처럼 짧은뜨기합니다. 입구와 손잡이를 바깥쪽으로 꺾어 접어서 빼뜨기로 고정합니다.

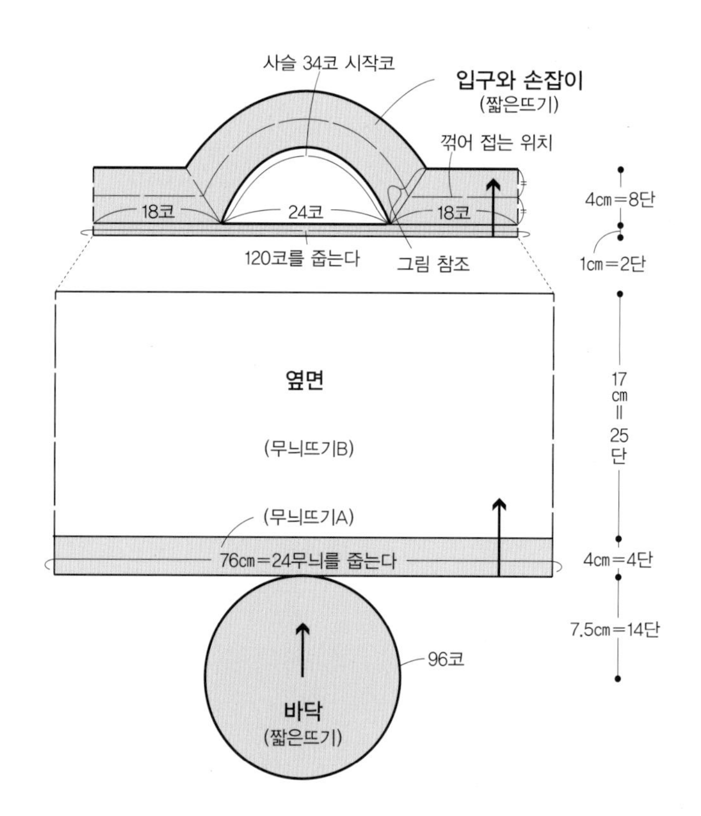

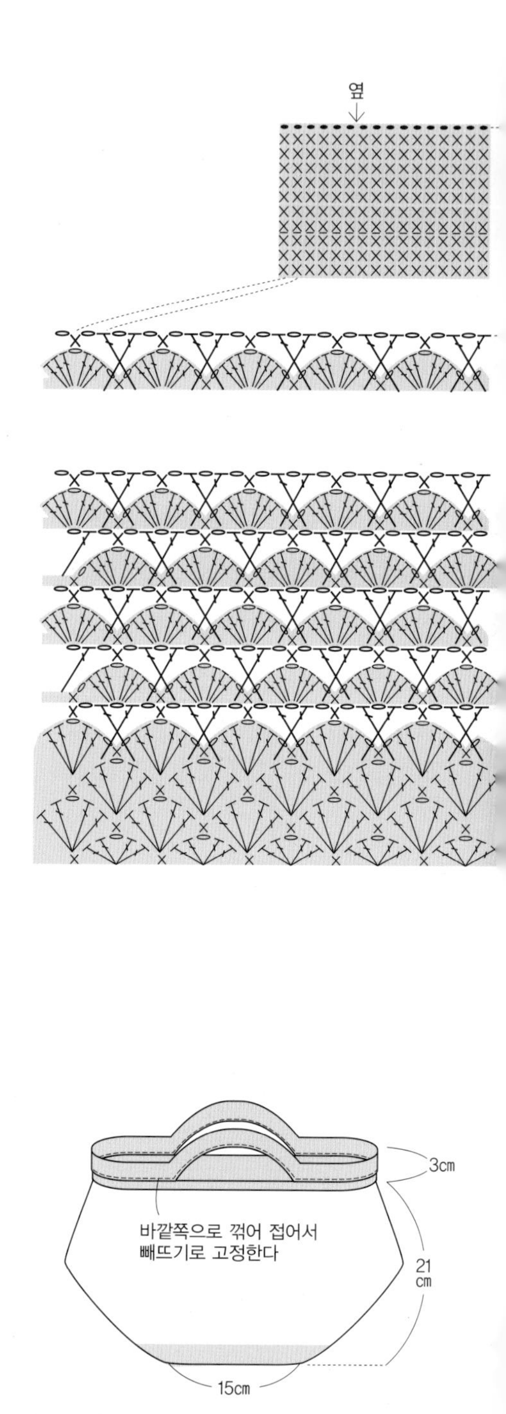

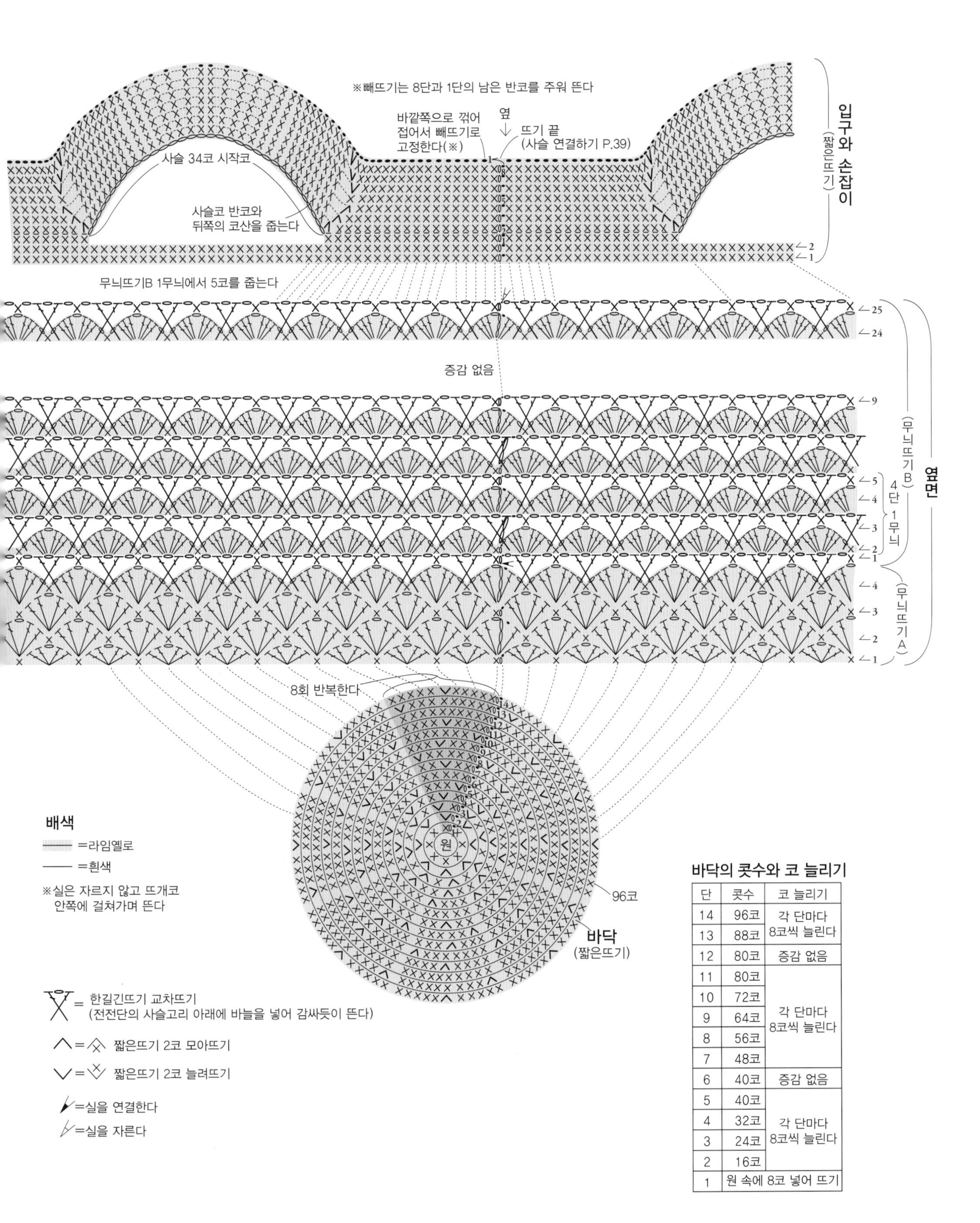

바닥의 콧수와 코 늘리기

단	콧수	코 늘리기
14	96코	각 단마다 8코씩 늘린다
13	88코	
12	80코	증감 없음
11	80코	각 단마다 8코씩 늘린다
10	72코	
9	64코	
8	56코	
7	48코	
6	40코	증감 없음
5	40코	각 단마다 8코씩 늘린다
4	32코	
3	24코	
2	16코	
1	원 속에 8코 넣어 뜨기	

16 HAT

{photo} P.20

{준비물}
실 / 하마나카 에코안다리아(40g 1볼)
베이지(23) 140g
바늘 / 하마나카 아미아미 양쪽 코바늘 라쿠라쿠 5/0호
기타 / 폭 3.8㎝짜리 그로스그레인 리본 검정 95㎝, 손바느질용 실
{게이지} 짧은뜨기 21코 23단=10㎝×10㎝
{완성 치수} 머리둘레 57㎝, 높이 10.5㎝

{뜨는 방법} 실 한 가닥으로 뜹니다.
윗부분은 원형 시작코를 잡아 짧은뜨기 8코를 넣어 뜹니다. 2단부터는 기둥코 없이 둥글게 돌려가며 그림처럼 코를 늘려 17단을 짧은뜨기합니다. 18단은 빼뜨기하고 19단은 아랫단의 빼뜨기 코를 주워서 짧은뜨기합니다. 콧수의 증감 없이 22단까지 뜨고 나면 옆부분을 이어 뜹니다. 또 이어서 챙을 그림처럼 코를 늘려가며 뜨고, 마지막 단은 끝에서 3코를 남기고 사슬을 연결합니다. 그로스그레인 리본을 그림과 같이 모양을 만들어서 옆부분에 감아 감침질합니다.

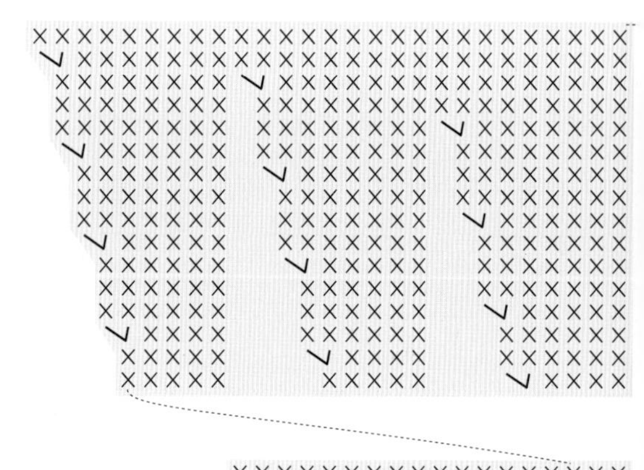

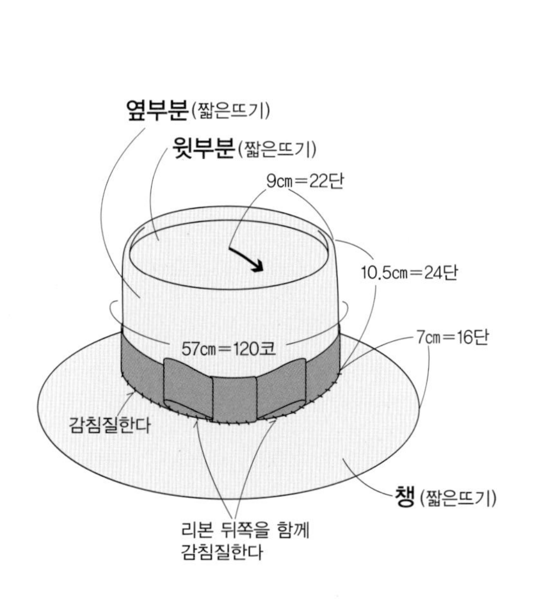

리본 만들기

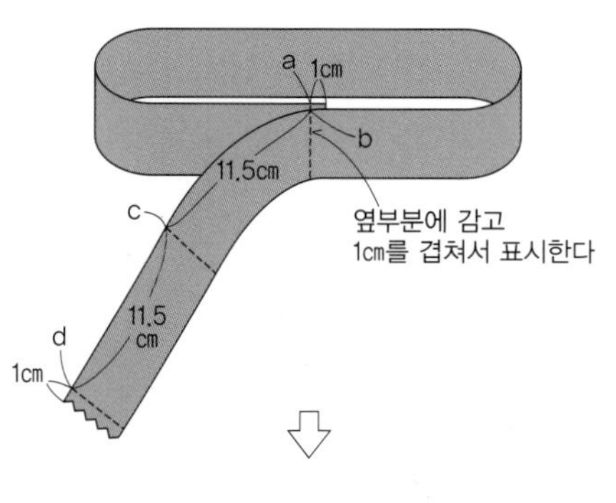

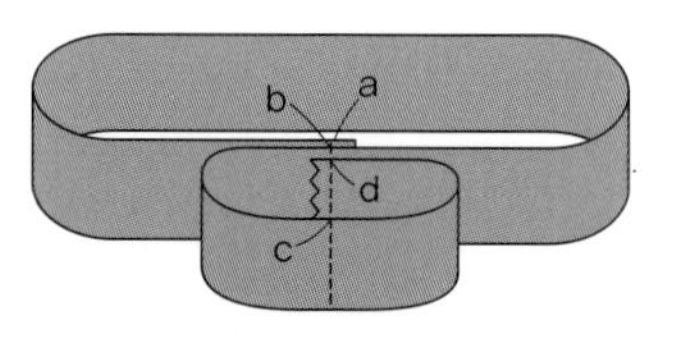

표시를 맞춰서 겹치고 꿰맨다

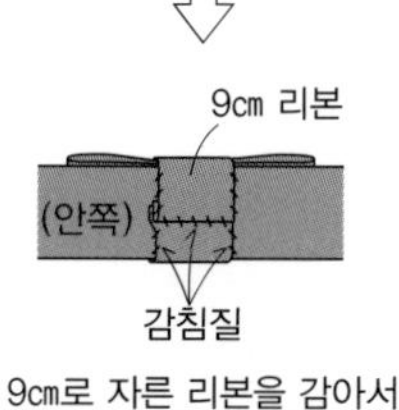

9cm로 자른 리본을 감아서
움직이지 않게 감침질한다

콧수와 코 늘리기

	단	콧수	코 늘리기
챙	16	213코	3코 남기고 뜬다
	15	216코	각 단마다 8코씩 늘린다
	14	208코	
	13	200코	증감 없음
	12	200코	각 단마다 8코씩 늘린다
	11	192코	
	10	184코	
	9	176코	증감 없음
	8	176코	각 단마다 8코씩 늘린다
	7	168코	
	6	160코	
	5	152코	증감 없음
	4	152코	각 단마다 8코씩 늘린다
	3	144코	
	2	136코	
	1	128코	
옆부분	3~24	120코	증감 없음
	2	120코	각 단마다 8코씩 늘린다
	1	112코	
윗부분	17~22	104코	증감 없음
	16	104코	각 단마다 8코씩 늘린다
	15	96코	
	14	88코	증감 없음
	13	88코	각 단마다 8코씩 늘린다
	12	80코	
	11	72코	증감 없음
	10	72코	각 단마다 8코씩 늘린다
	9	64코	
	8	56코	
	7	48코	
	6	40코	증감 없음
	5	40코	각 단마다 8코씩 늘린다
	4	32코	
	3	24코	
	2	16코	
	1	원 속에 8코 넣어 뜨기	

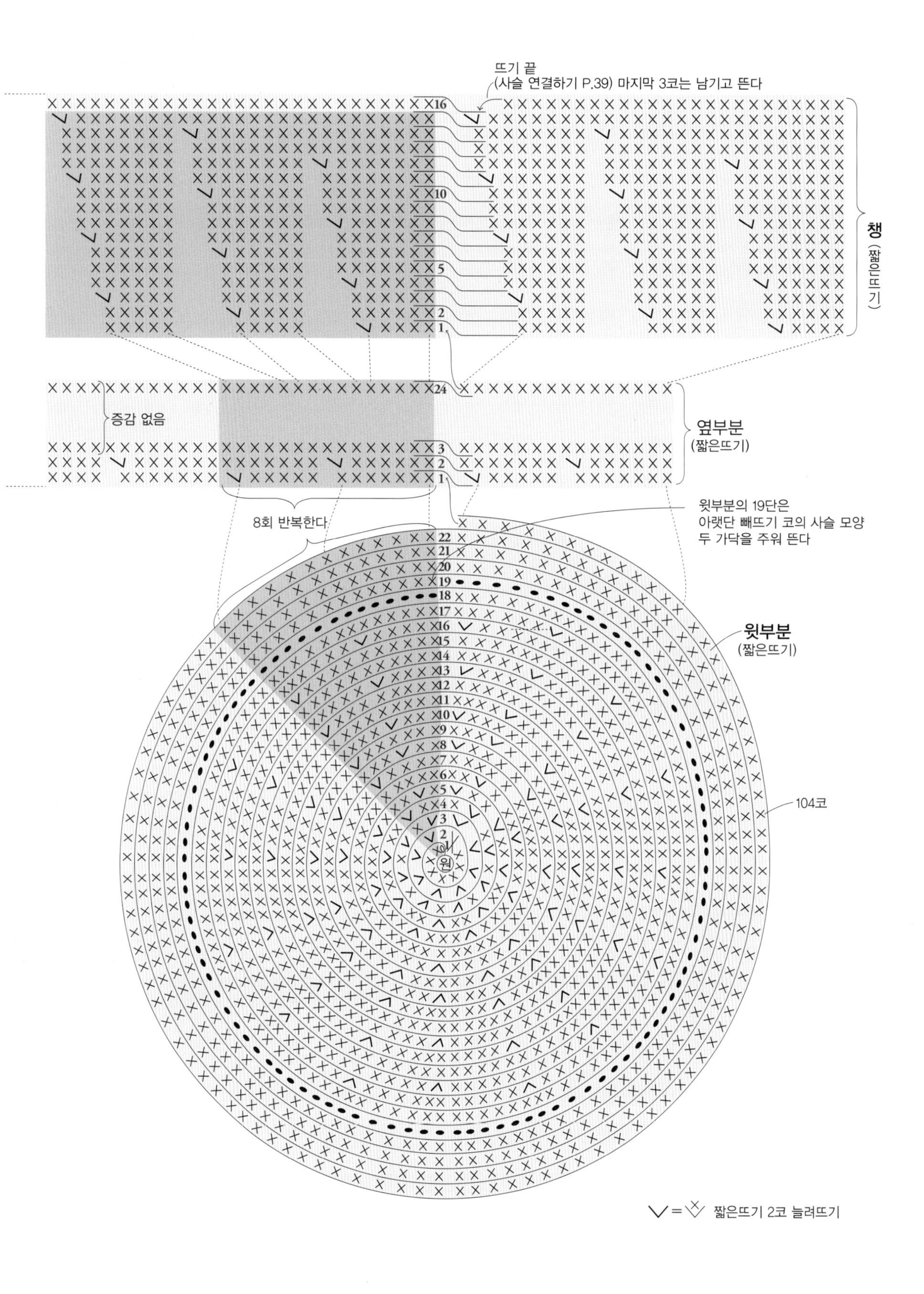
뜨기 끝
(사슬 연결하기 P.39) 마지막 3코는 남기고 뜬다
챙 (짧은뜨기)
증감 없음
옆부분
(짧은뜨기)
8회 반복한다
윗부분의 19단은
아랫단 빼뜨기 코의 사슬 모양
두 가닥을 주워 뜬다
윗부분
(짧은뜨기)
104코
원
= 짧은뜨기 2코 늘려뜨기

17 BAG

{photo} P.21

{준비물}
실 / 하마나카 에코안다리아(40g 1볼)
베이지(23) 180g
바늘 / 하마나카 아미아미 양쪽 코바늘 라쿠라쿠 5/0호
{게이지} 무늬뜨기 1무늬=약 5㎝
1무늬(10단)=9.5㎝
{완성 치수} 그림 참조

{뜨는 방법} 실 한 가닥으로 뜹니다.
사슬 97코로 시작코를 만들어서 본체 한쪽을 무늬뜨기합니다. 시작코에서 코를 주워 반대쪽도 같은 방법으로 본체를 뜹니다. 바깥쪽끼리 마주 보게 바닥에서 반으로 접고 사슬뜨기로 트임 끝까지 꿰맨 뒤 다시 바깥쪽이 밖으로 나오게 뒤집습니다. 트임 부분에 짧은뜨기로 1단을 뜨고 입구에서 코를 주워 입구와 손잡이를 뜨는데, 이때 손잡이 부분은 사슬 75코로 시작코를 만들어서 입구와 연결해 고리 모양으로 뜹니다. 입구와 손잡이를 꺾어 접어서 안쪽이 밖으로 나오게 하고 코줍기와 감침질로 이어 붙입니다. 다른 한쪽의 입구와 손잡이도 같은 방법으로 뜹니다.

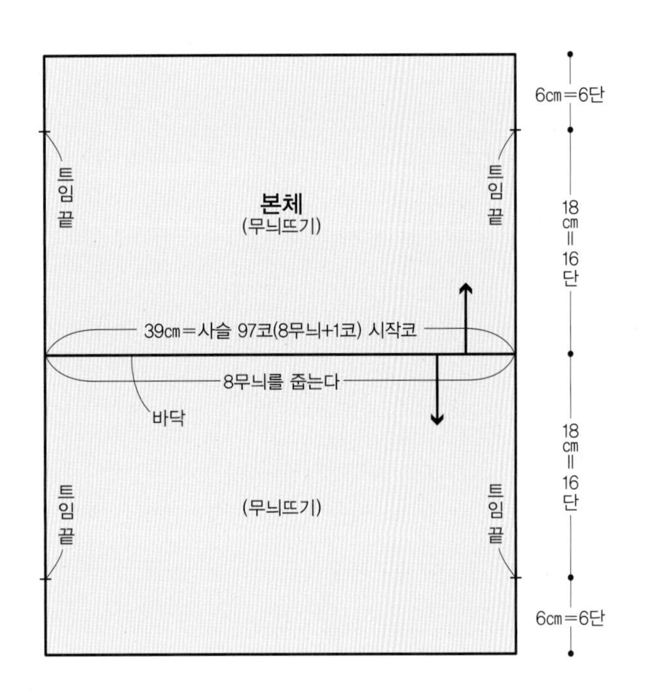

트임 부분 테두리뜨기, 입구와 손잡이
(짧은뜨기)

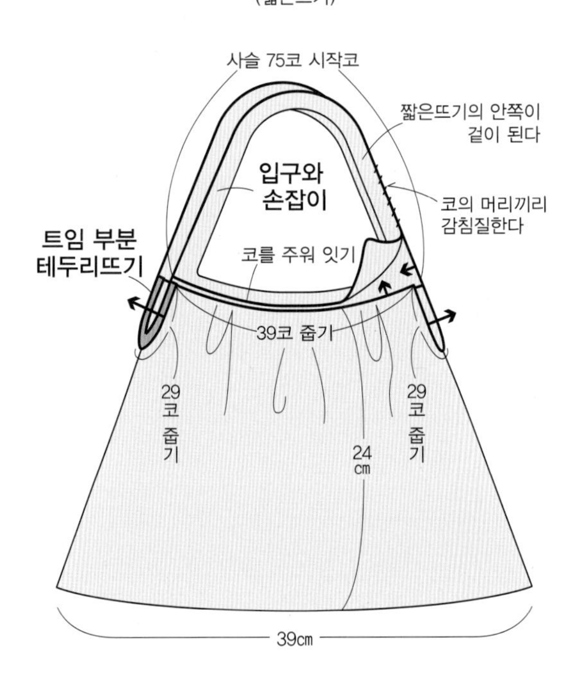

•무늬뜨기

사슬뜨기로 꿰매기

※뜨개바탕은 작품과 다릅니다

1

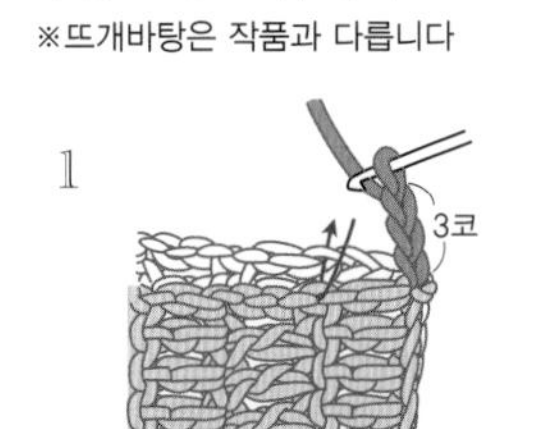

뜨개바탕을 바깥쪽끼리 마주 보게 놓고 시작코 끝 부분의 코를 주워 실을 빼낸 뒤, 뜨개바탕 한 단 길이로 사슬을 떠서 짧은뜨기한다.

2

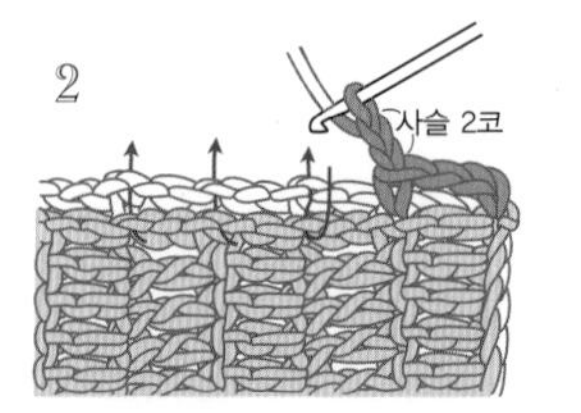

2 사슬뜨기, 짧은뜨기를 반복해서 한 단씩 꿰맨다.

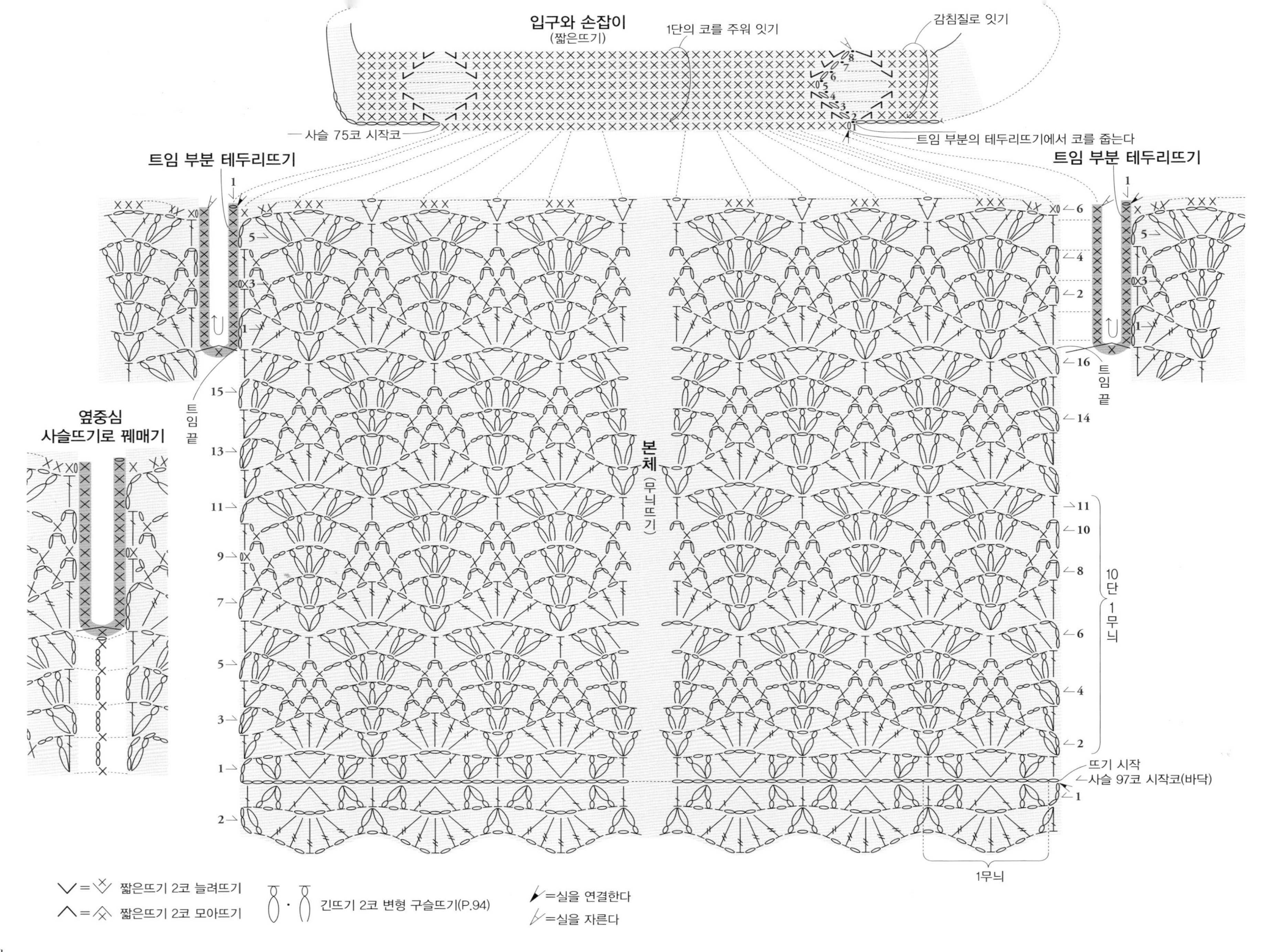
입구와 손잡이
(짧은뜨기)
1단의 코를 주워 잇기
감침질로 잇기
사슬 75코 시작코
트임 부분의 테두리뜨기에서 코를 줍는다
트임 부분 테두리뜨기
트임 부분 테두리뜨기
트임 끝
트임 끝
본체
(무늬뜨기)
10단 1무늬
뜨기 시작
사슬 97코 시작코(바닥)
1무늬
옆중심
사슬뜨기로 꿰매기
=짧은뜨기 2코 늘려뜨기
=짧은뜨기 2코 모아뜨기
긴뜨기 2코 변형 구슬뜨기(P.94)
=실을 연결한다
=실을 자른다

18 BAG

{photo} P.22

{준비물}

실 / 하마나카 에코안다리아(40g 1볼)
베이지(23) 125g, 검정(30) 60g
바늘 / 하마나카 아미아미 양쪽 코바늘 라쿠라쿠 7/0호
{게이지} 짧은뜨기 18코 19단=10cm×10cm
{완성 치수} 그림 참조

{뜨는 방법} 실 한 가닥을 사용해서 지정한 배색대로 뜹니다.
먼저 아래 그림의 '사용하는 실의 양 기준'을 참고하여 검정색 실 4개, 베이지색 실 4개로 소분합니다.
바닥은 베이지색을 사용해 사슬 36코로 시작코를 만든 뒤, 1단은 지정한 위치에 실을 연결해 배색하며 사슬 양쪽에서 74코를 줍습니다. 2단부터는 그림처럼 코를 늘려서 각 단마다 뜨는 방향을 바꿔가며 12단을 뜹니다. 그런 다음 옆면을 그림처럼 코를 늘려가며 39단을 떠서 손잡이를 제외하고 실을 자릅니다. 손잡이는 옆면에 이어서 짧은뜨기 8코로 45단을 왕복해 뜹니다. 맞춤점(▲, △)을 맞추고 코의 머리끼리 감침질해서 잇습니다.

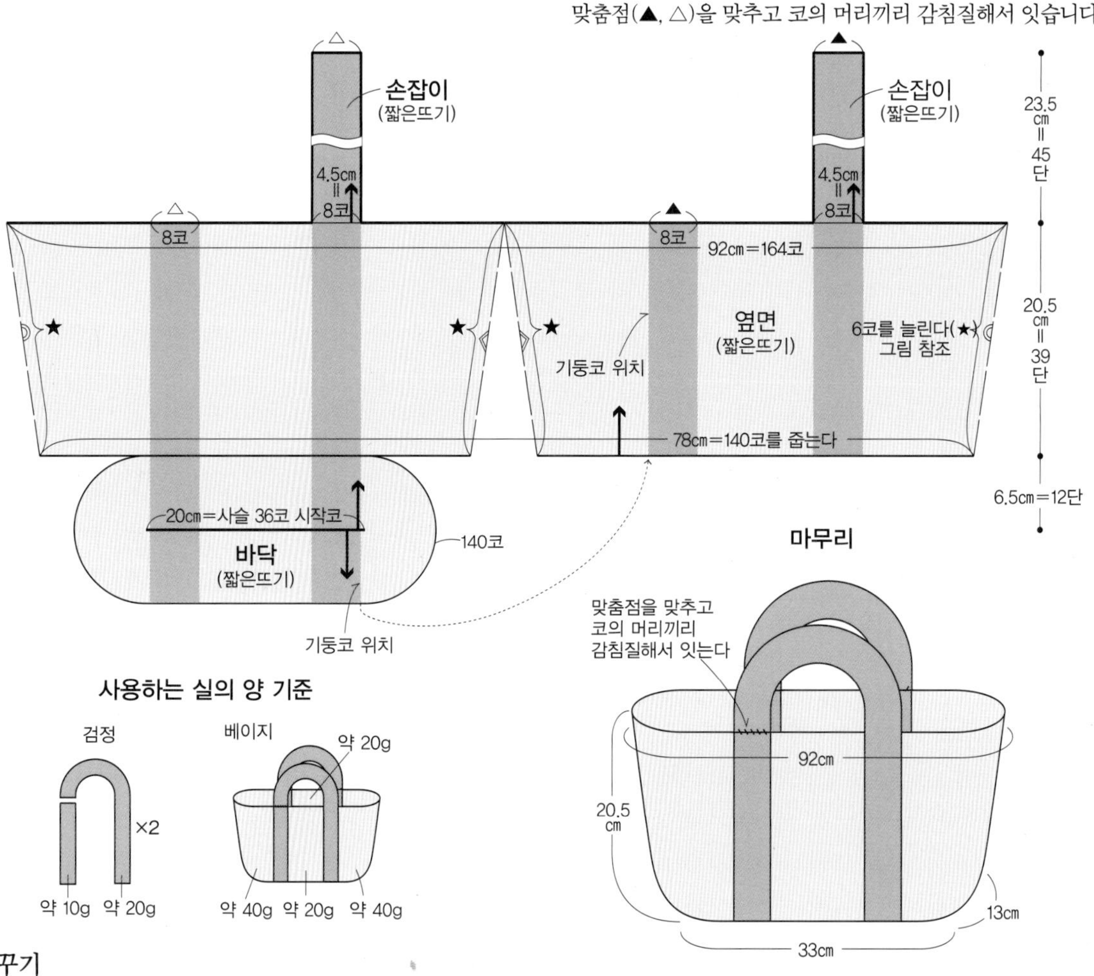

•배색실 바꾸기

1 바깥쪽에서 바꿀 경우. 색을 바꿀 코 앞에서 마지막으로 짧은뜨기한 실을 빼낼 때 새로운 실을 바늘에 걸어서 같이 빼낸다.

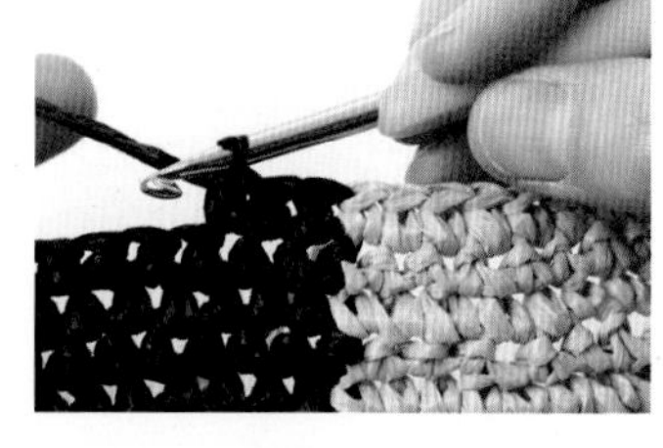

2 1에 이어서 짧은뜨기한다.

3 안쪽에서 바꿀 경우. 원래의 실을 앞쪽으로 빼놓고 1과 같은 방법으로 실을 걸어서 빼낸다.

4 뜨개바탕의 안쪽. 세로로 실이 지나가는 것을 확인할 수 있다.

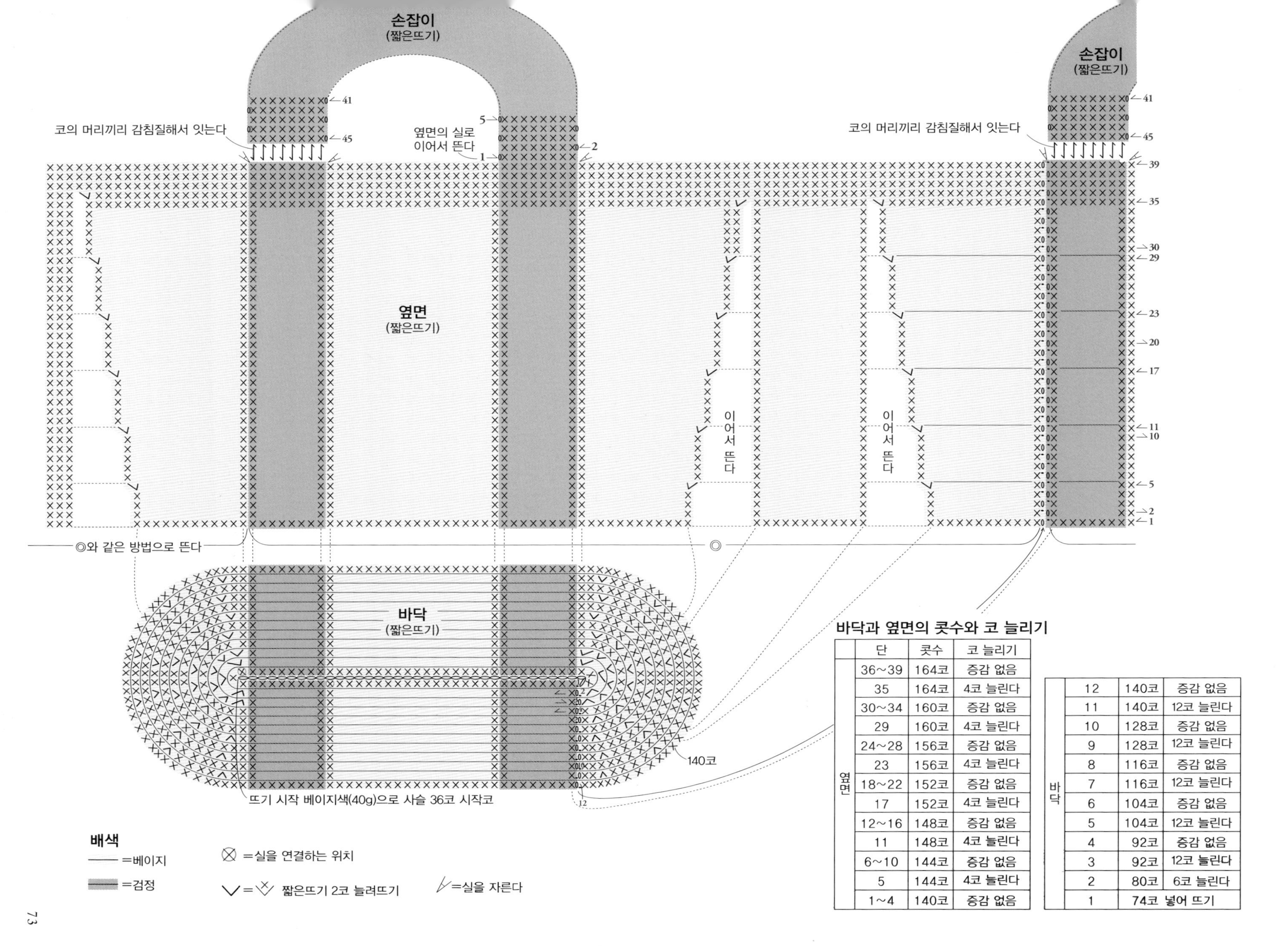

바닥과 옆면의 콧수와 코 늘리기

	단	콧수	코 늘리기
옆면	36~39	164코	증감 없음
	35	164코	4코 늘린다
	30~34	160코	증감 없음
	29	160코	4코 늘린다
	24~28	156코	증감 없음
	23	156코	4코 늘린다
	18~22	152코	증감 없음
	17	152코	4코 늘린다
	12~16	148코	증감 없음
	11	148코	4코 늘린다
	6~10	144코	증감 없음
	5	144코	4코 늘린다
	1~4	140코	증감 없음

	단	콧수	코 늘리기
바닥	12	140코	증감 없음
	11	140코	12코 늘린다
	10	128코	증감 없음
	9	128코	12코 늘린다
	8	116코	증감 없음
	7	116코	12코 늘린다
	6	104코	증감 없음
	5	104코	12코 늘린다
	4	92코	증감 없음
	3	92코	12코 늘린다
	2	80코	6코 늘린다
	1	74코 넣어 뜨기	

19 CLUTCH BAG

{photo} P.23

{준비물}
실 / 하마나카 에코안다리아(40g 1볼)
베이지(23) 100g
바늘 / 하마나카 아미아미 양쪽 코바늘 라쿠라쿠 5/0호
기타 / 길이 30㎝짜리 지퍼 1개
안지름 0.9㎝짜리 걸고리 2개
안지름 0.9㎝짜리 D링 2개, 손바느질용 실
{게이지} 이랑뜨기 17코=9㎝, 14단=10㎝
무늬뜨기 1무늬=2.4㎝, 7단=10㎝
{완성 치수} 그림 참조

{뜨는 방법} 실 한 가닥으로 뜹니다.
본체는 사슬 17코로 시작코를 만들어서 가운데 부분을 이랑뜨기합니다. 가운데 부분의 양옆에서 각각 코를 주워 리본을 무늬뜨기합니다. 위아래(입구)를 테두리뜨기A로 뜹니다. 바깥쪽끼리 마주 보게 바닥 가운데에서 반으로 접고 두 장을 함께 테두리뜨기B로 뜹니다. 어깨끈은 스레드 끈 100㎝를 뜬 뒤 걸고리에 끼우고 접어서 두 겹으로 만들어서 끝을 꿰매 고정합니다. 본체 입구의 가장자리를 5코씩 감침질해서 잇는데, 이때 3코는 D링을 함께 감침질합니다. 손바느질용 실을 사용해서 입구에 지퍼를 꿰매 답니다.

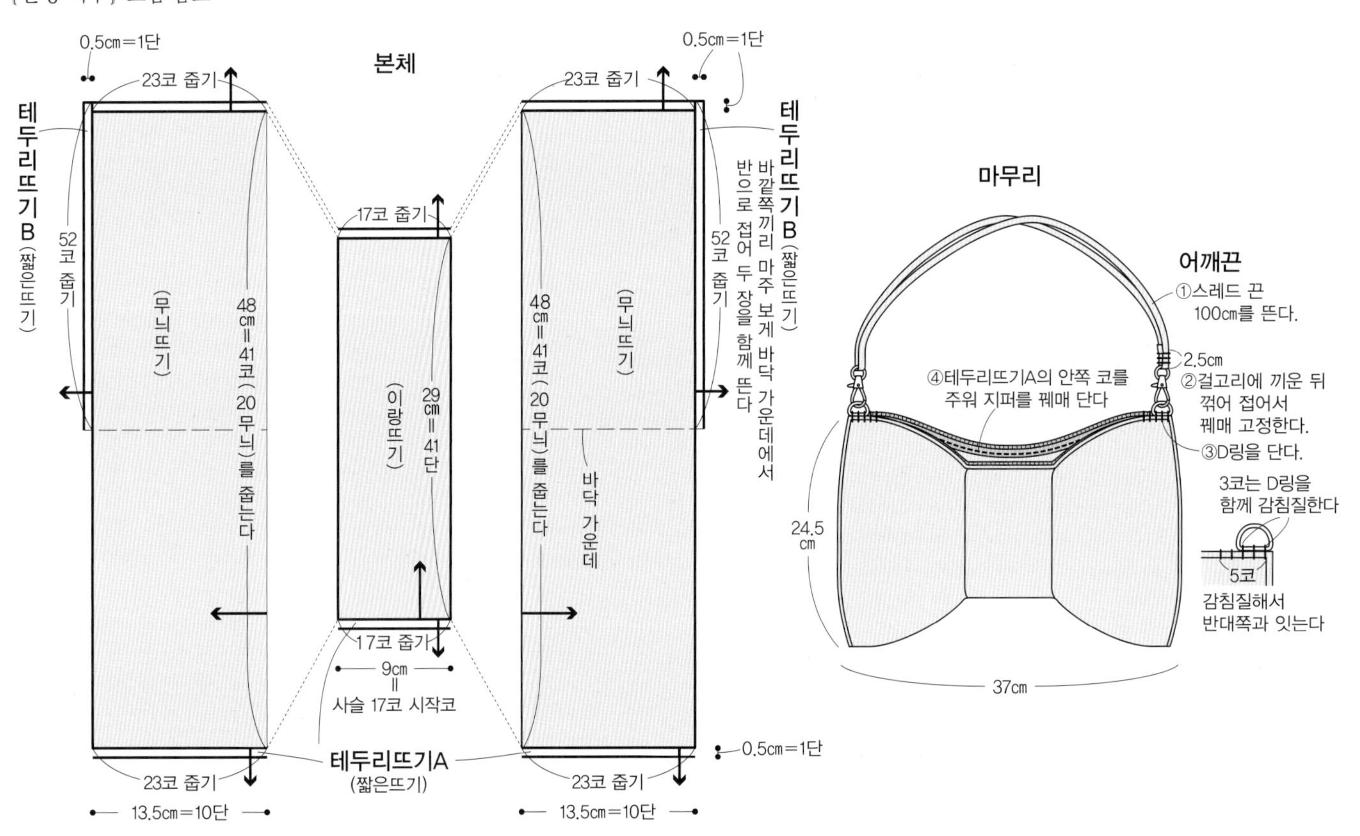

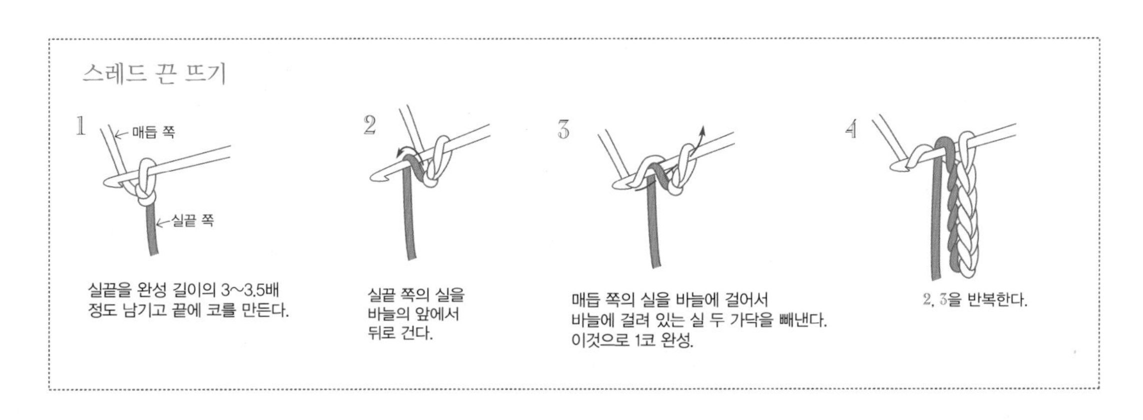

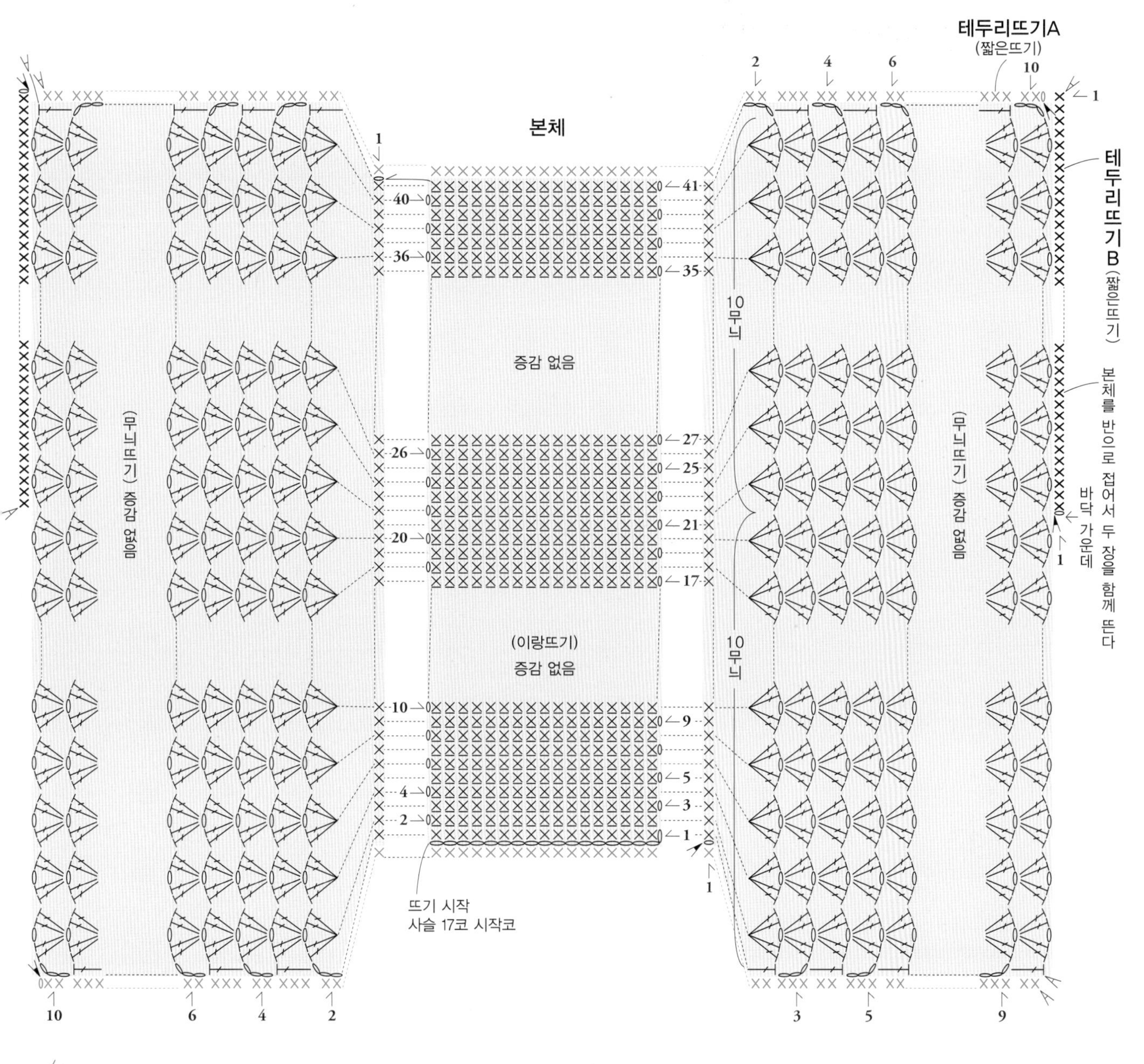

=실을 연결한다

=실을 자른다

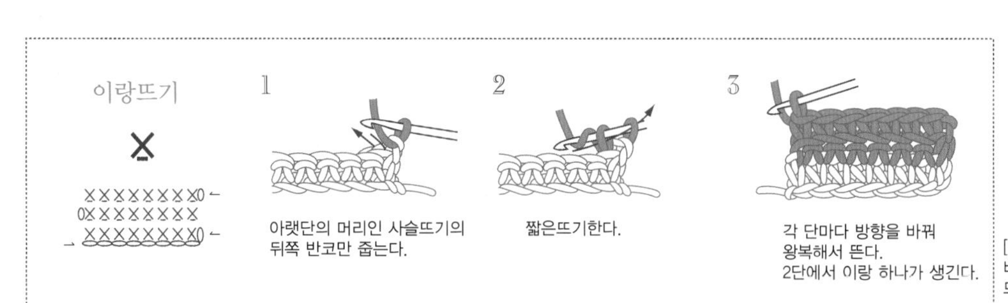

[원형 이랑뜨기는 단이 늘어나도 앞뒤가 바뀌지 않지만, 평면 이랑뜨기는 단이 바뀌면 뜨는 방향이 바뀌므로 주의한다—옮긴이]

20 HAT

A

B

{photo} P.24

{준비물}
실 / 하마나카 에코안다리아(40g 1볼)
A 아이보리(168) 65g, 파랑(72) 40g
B 카키(150) 90g, 검정(30) 15g
바늘 / 하마나카 아미아미 양쪽 코바늘 라쿠라쿠 5/0호
기타 / 테크노로트(H204-593) 약 380cm
열수축 튜브(H204-605) 5cm
폭 3cm짜리 사이즈 조절 테이프 약 58cm
지름 2mm짜리 왁스 끈 약 65cm
폭 2.5cm짜리 그로스그레인 리본 70cm
A 흰색과 네이비의 줄무늬, B 검정
B만 깃털 장식
손바느질용 실
{게이지} 짧은뜨기 18코 19단=10cm×10cm
{완성 치수} 머리둘레 56cm

{뜨는 방법} 실 한 가닥을 사용해서 지정한 배색대로 뜹니다.
크라운은 원형 시작코를 잡아 짧은뜨기 6코를 넣어 뜹니다. 2단부터는 그림처럼 코를 늘려가며 짧은뜨기 34단, 빼뜨기 1단을 합니다. 스팀다리미를 사용해서 가운데가 눌린 모양을 만듭니다. 그런 다음 챙을 그림처럼 코를 늘려가며 A는 무늬뜨기, B는 무늬뜨기 줄무늬로 뜨는데, 이때 지정한 단에는 테크노로트를 감싸서 뜹니다(P.44 참조). 리본을 감아서 매듭을 짓고 여러 군데를 꿰매 고정합니다. B만 깃털 장식을 답니다.

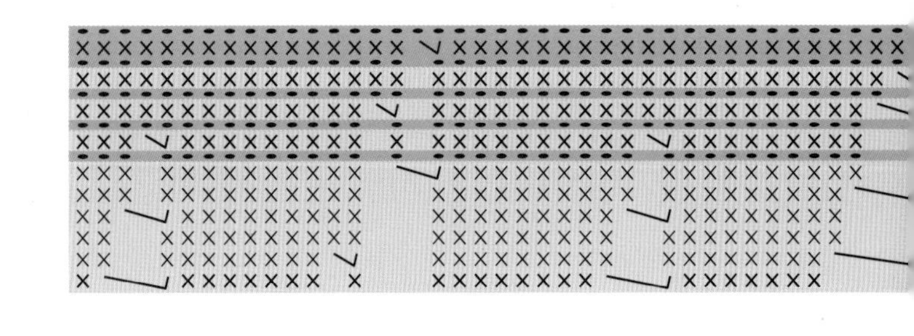

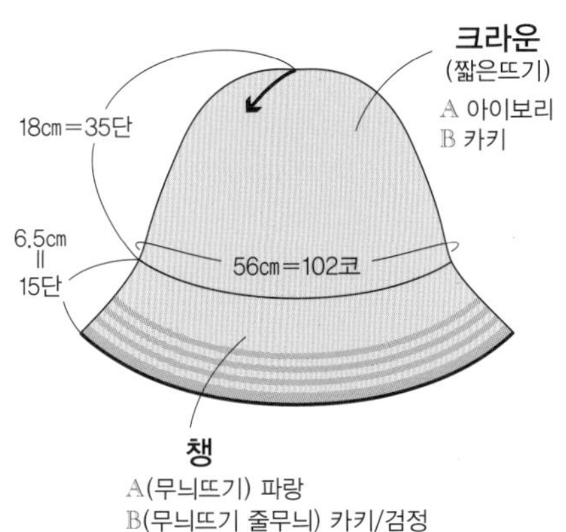

콧수와 코 늘리기

	단	콧수	코 늘리기	
챙	15	144코	증감 없음	
	14	144코	3코 늘린다	78.5cm
	13	141코	증감 없음	
	12	141코	3코 늘린다	76cm
	11	138코	증감 없음	
	10	138코	6코 늘린다	73cm
	9	132코	증감 없음	
	8	132코	6코 늘린다	70cm
	7	126코	증감 없음	
	6	126코	3코 늘린다	68cm
	5	123코	3코 늘린다	
	4	120코	6코 늘린다	
	3	114코	증감 없음	
	2	114코	각 단마다 6코씩 늘린다	
	1	108코		
크라운	24~35	102코	증감 없음	
	23	102코	6코 늘린다	
	20~22	96코	증감 없음	
	19	96코	6코 늘린다	
	17,18	90코	증감 없음	
	16	90코	6코 늘린다	
	15	84코	증감 없음	
	14	84코	각 단마다 6코씩 늘린다	
	13	78코		
	12	72코		
	11	66코		
	10	60코		
	9	54코		
	8	48코		
	7	42코		
	6	36코		
	5	30코		
	4	24코		
	3	18코		
	2	12코		
	1	원 속에 6코 넣어 뜨기		

테크노로트를 감싸서 뜬다(P.39·44) (챙 6~14단)

※테크노로트 길이는 아랫단 둘레에서 산출했다.

리본 만들기

2.5cm a 63cm

2.5cm b 7cm

바깥쪽끼리 마주 보게 놓고 꿰매서 시접을 가른다

a의 시접을 b로 감싸고 안쪽에서 꿰맨다

마무리

스팀다리미로 앞쪽 가운데를 눌러서 윗부분을 움푹 들어가게 만든다

안쪽 크라운과 챙의 경계에 사이즈 조절 테이프를 꿰매 붙인다(P.38 참조)

B만 깃털 장식을 꿰매 단다

크라운에 리본을 감고 여러 군데를 꿰매 고정한다

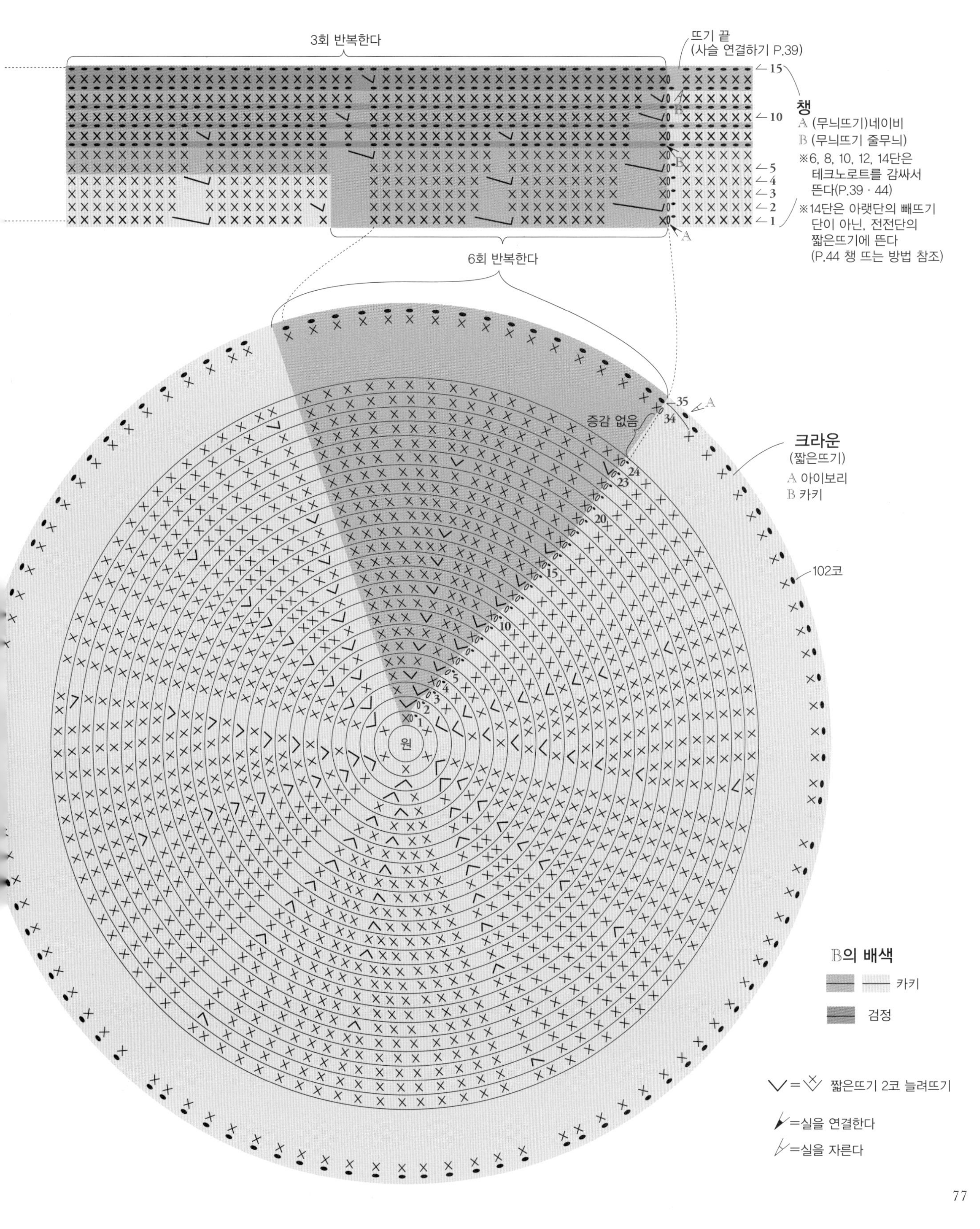

3회 반복한다
뜨기 끝
(사슬 연결하기 P.39)
15
10
5
4
3
2
1
A
B
6회 반복한다
챙
A (무늬뜨기)네이비
B (무늬뜨기 줄무늬)
※6, 8, 10, 12, 14단은 테크노로트를 감싸서 뜬다(P.39 · 44)
※14단은 아랫단의 빼뜨기 단이 아닌, 전전단의 짧은뜨기에 뜬다 (P.44 챙 뜨는 방법 참조)
증감 없음
35
34
24
23
20
15
10
5
4
3
2
1
원
크라운
(짧은뜨기)
A 아이보리
B 카키
102코
B의 배색
카키
검정
= 짧은뜨기 2코 늘려뜨기
=실을 연결한다
=실을 자른다

21 SUN VISOR

{photo} P.26

{준비물}
실 / 하마나카 에코안다리아(40g 1볼)
브라운(159) 130g
바늘 / 하마나카 아미아미 양쪽 코바늘 라쿠라쿠 5/0호
기타 / 테크노로트(H204-593) 약 380cm
열수축 튜브(H204-605) 20cm
폭 3cm짜리 사이즈 조절 테이프 약 60cm
폭 0.6cm짜리 고무줄 19cm
폭 3cm짜리 매직테이프 5cm, 손바느질용 실
{게이지} 짧은뜨기 18.5코=10cm, 9단=5cm
무늬뜨기 19코 17.5단=10cm×10cm
{완성 치수} 머리둘레 57cm

{뜨는 방법} 실 한 가닥으로 뜹니다.
사이드 크라운은 사슬 94코로 시작코를 만들어서 그림처럼 코를 늘려가며 짧은뜨기하는데, 이때 1, 5, 9단에서는 테크노로트를 감싸서 뜹니다. 계속해서 챙을 그림대로 콧수의 증감에 주의해 무늬뜨기합니다. 지정한 위치에 실을 연결한 뒤 테크노로트를 감싸서 뜨며 둘레를 되돌아 짧은뜨기합니다. 리본은 사슬 60코를 시작코로 해서 고리 모양을 만들어 짧은뜨기 이랑뜨기로 11단을 뜹니다. 리본 가운데는 사슬 16코로 시작코를 만들어서 4단을 짧은뜨기합니다. 그림과 같이 리본을 만들어 사이드 크라운에 꿰매 붙입니다. 사이드 크라운에 매직테이프와 고무줄, 사이즈 조절 테이프를 꿰매 붙입니다.

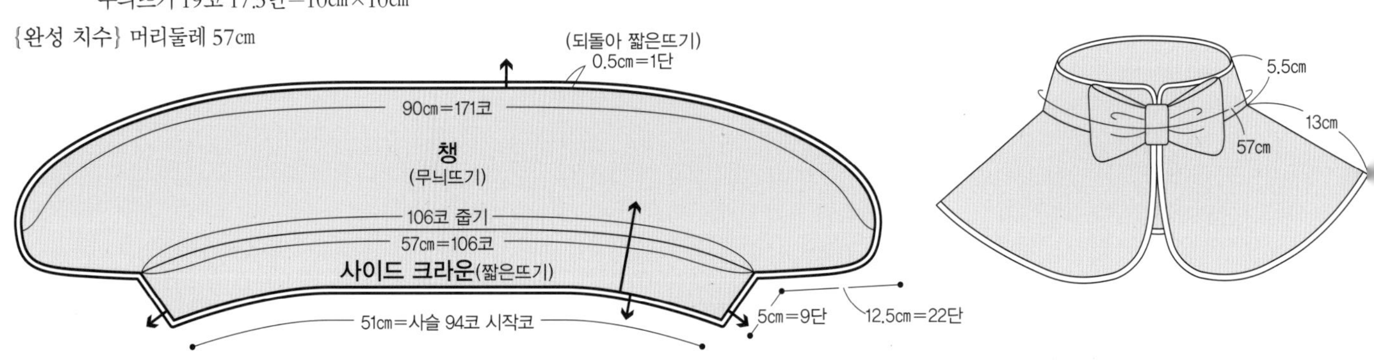

리본 만들기

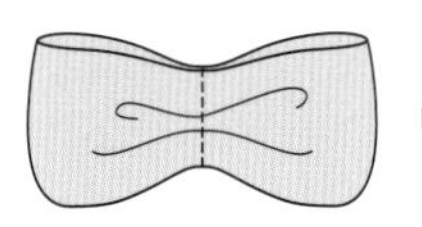

가운데를 꿰매 오므린다

리본 가운데를 감고
안쪽에서 감침질한다

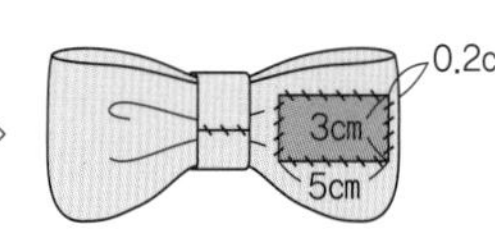

안쪽에 매직테이프를
꿰매 붙인다

마무리

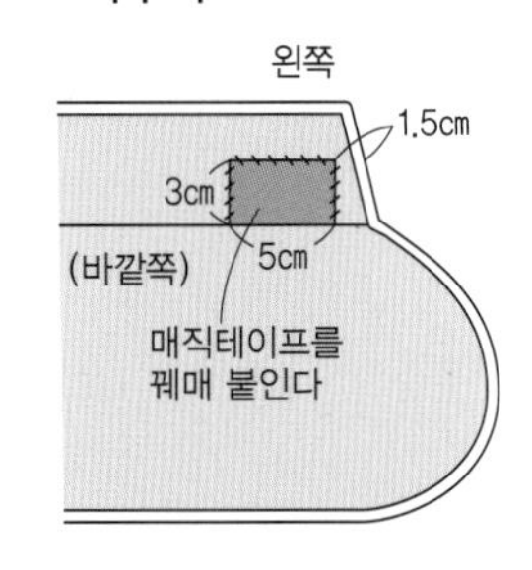

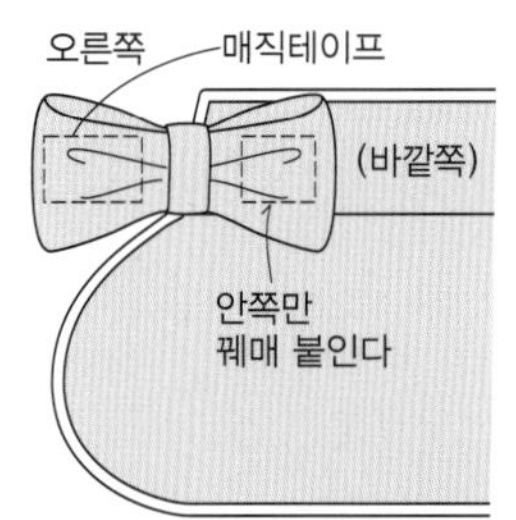

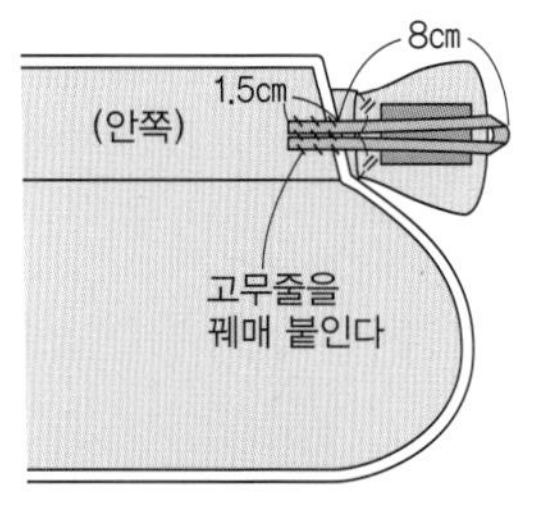

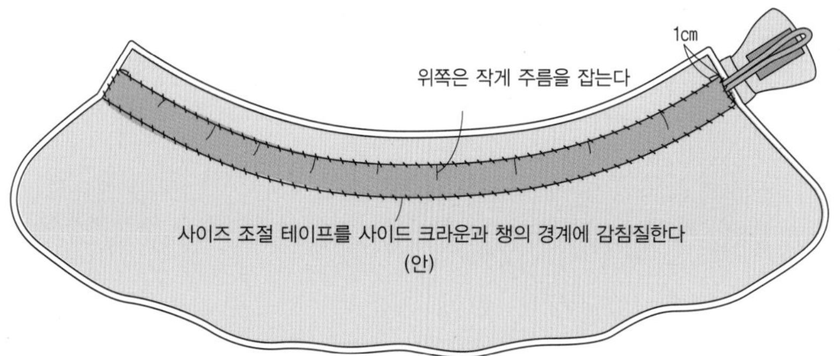

•안쪽에서 본 모습

곡선이 있는 모양으로 완성된다

•마무리

모자를 돌돌 말아서 고무줄로 정리해주면
휴대가 편리하다

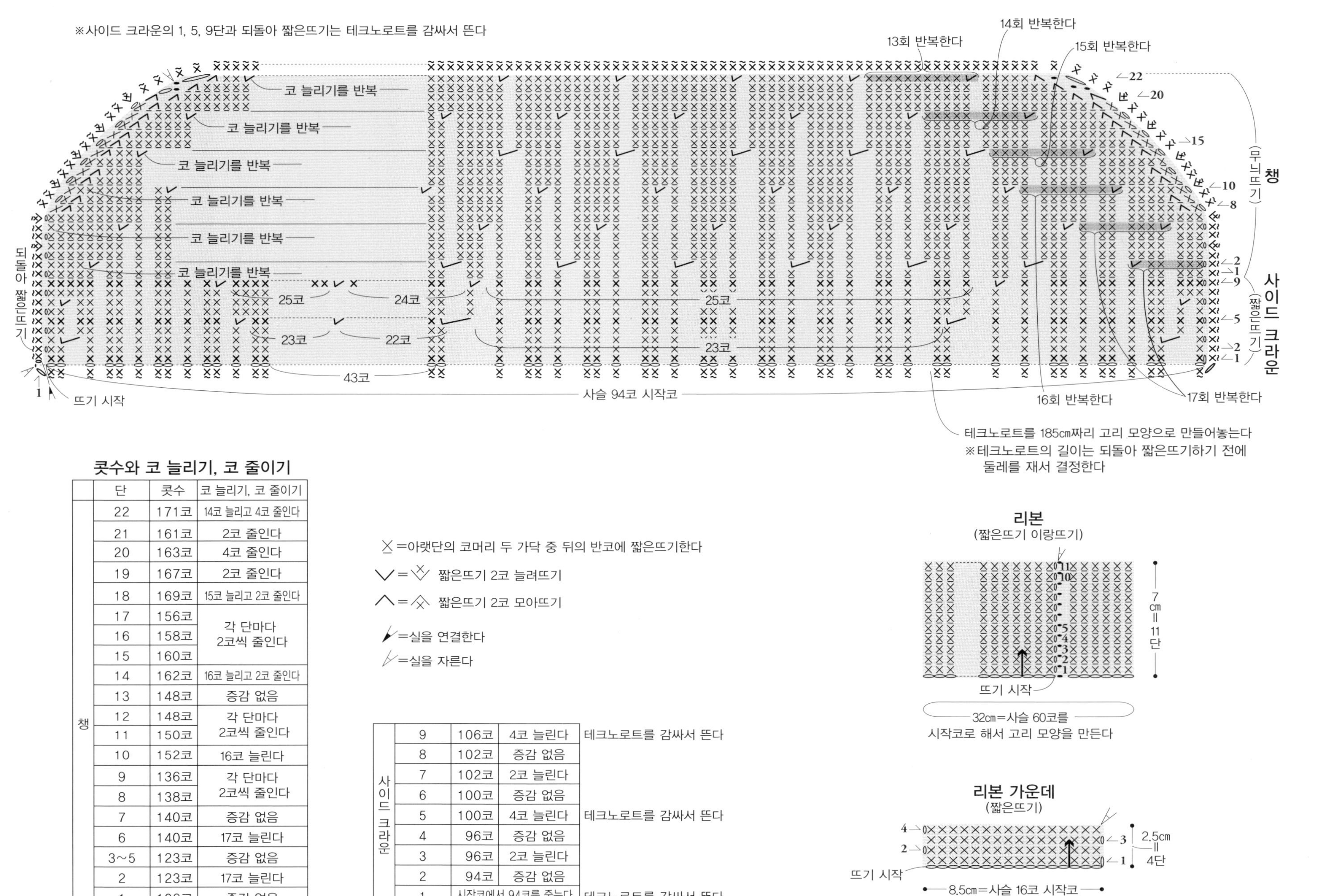

콧수와 코 늘리기, 코 줄이기

	단	콧수	코 늘리기, 코 줄이기
챙	22	171코	14코 늘리고 4코 줄인다
	21	161코	2코 줄인다
	20	163코	4코 줄인다
	19	167코	2코 줄인다
	18	169코	15코 늘리고 2코 줄인다
	17	156코	각 단마다 2코씩 줄인다
	16	158코	
	15	160코	
	14	162코	16코 늘리고 2코 줄인다
	13	148코	증감 없음
	12	148코	각 단마다 2코씩 줄인다
	11	150코	
	10	152코	16코 늘린다
	9	136코	각 단마다 2코씩 줄인다
	8	138코	
	7	140코	증감 없음
	6	140코	17코 늘린다
	3~5	123코	증감 없음
	2	123코	17코 늘린다
	1	106코	증감 없음

╳ =아랫단의 코머리 두 가닥 중 뒤의 반코에 짧은뜨기한다

∨ = 짧은뜨기 2코 늘려뜨기

∧ = 짧은뜨기 2코 모아뜨기

=실을 연결한다

=실을 자른다

	단	콧수	코 늘리기, 코 줄이기	
사이드 크라운	9	106코	4코 늘린다	테크노로트를 감싸서 뜬다
	8	102코	증감 없음	
	7	102코	2코 늘린다	
	6	100코	증감 없음	
	5	100코	4코 늘린다	테크노로트를 감싸서 뜬다
	4	96코	증감 없음	
	3	96코	2코 늘린다	
	2	94코	증감 없음	
	1	시작코에서 94코를 줍는다		테크노로트를 감싸서 뜬다

23 CLOCHE

{photo} P.28

{준비물}
실 / 하마나카 에코안다리아(40g 1볼)
샌드베이지(169) 90g
바늘 / 하마나카 아미아미 양쪽 코바늘 라쿠라쿠 5/0호
{게이지} 짧은뜨기 18코 21단=10㎝×10㎝
{완성 치수} 머리둘레 55.5㎝, 높이 17.5㎝

{뜨는 방법} 실 한 가닥으로 뜹니다.
원형 시작코를 잡아 짧은뜨기 8코를 넣어 뜹니다. 2단부터는 그림과 같이 코를 늘려가며 크라운을 짧은뜨기합니다. 이어서 챙도 코를 늘려가며 짧은뜨기합니다.

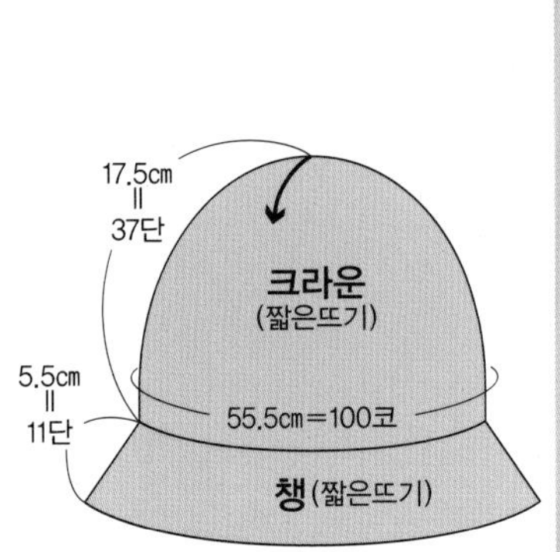

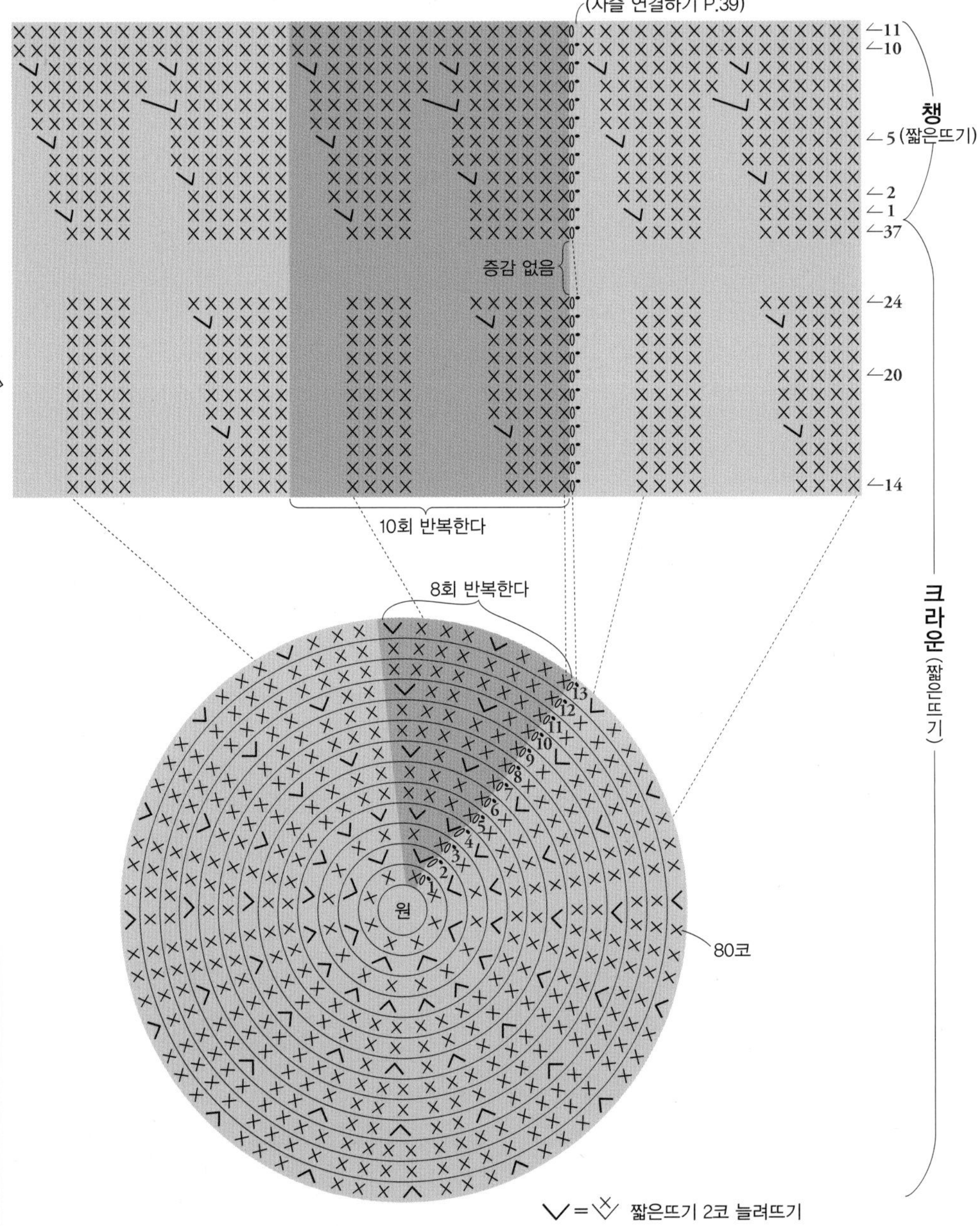

콧수와 코 늘리기

	단	콧수	코 늘리기
챙	10·11	160코	증감 없음
	9	160코	20코 늘린다
	8	140코	증감 없음
	7	140코	10코 늘린다
	6	130코	증감 없음
	5	130코	10코 늘린다
	4	120코	증감 없음
	3	120코	10코 늘린다
	2	110코	증감 없음
	1	110코	10코 늘린다
크라운	24~37	100코	증감 없음
	23	100코	10코 늘린다
	18~22	90코	증감 없음
	17	90코	10코 늘린다
	14~16	80코	증감 없음
	13	80코	16코 늘린다
	11·12	64코	증감 없음
	10	64코	16코 늘린다
	8·9	48코	증감 없음
	7	48코	16코 늘린다
	5·6	32코	증감 없음
	4	32코	16코 늘린다
	3	16코	증감 없음
	2	16코	8코 늘린다
	1	원 속에 8코 넣어 뜨기	

25 HAT

{photo} P.30

{준비물}

실 / 하마나카 에코안다리아(40g 1볼)

네이비(57) 120g

바늘 / 하마나카 아미아미 양쪽 코바늘 라쿠라쿠 5/0호

{게이지} 짧은뜨기 21코 20단=10cm×10cm

무늬뜨기 5무늬=9.5cm, 5단=5.5cm

{완성 치수} 머리둘레 57cm

{뜨는 방법} 실 한 가닥으로 뜹니다.

윗부분은 원형 시작코를 잡아 짧은뜨기 16코를 넣어 뜹니다. 2단부터는 기둥코 없이 둥글게 돌려가며 그림처럼 뜹니다. 계속해서 옆부분을 무늬뜨기로 5단 뜹니다. 또한 챙을 그림과 같이 콧수를 늘려가며 짧은뜨기합니다.

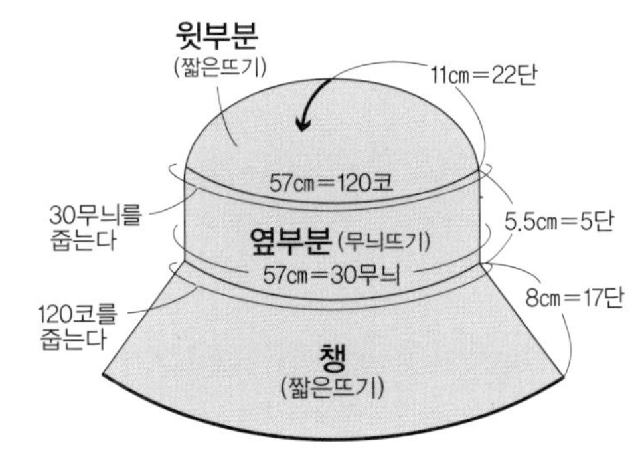

콧수와 코 늘리기

	단	콧수	코 늘리기
챙	17	185코	1코 테두리뜨기
	16	186코	각 단마다 6코씩 늘린다
	15	180코	
	14	174코	
	13	168코	증감 없음
	12	168코	각 단마다 6코씩 늘린다
	11	162코	
	10	156코	
	9	150코	
	8	144코	증감 없음
	7	144코	각 단마다 6코씩 늘린다
	6	138코	
	5	132코	
	4	126코	
	1~3	120코	증감 없음
옆부분	1~5	30무늬	증감 없음
윗부분	22	120코	증감 없음
	21	120코	6코 늘린다
	20	114코	증감 없음
	19	114코	6코 늘린다
	18	108코	증감 없음
	17	108코	각 단마다 6코씩 늘린다
	16	102코	
	15	96코	증감 없음
	14	96코	각 단마다 6코씩 늘린다
	13	90코	
	12	84코	
	11	78코	
	10	72코	
	9	66코	
	8	60코	
	7	54코	
	6	48코	
	5	42코	
	4	36코	
	3	30코	
	2	24코	8코 늘린다
	1	원 속에 16코 넣어 뜨기	

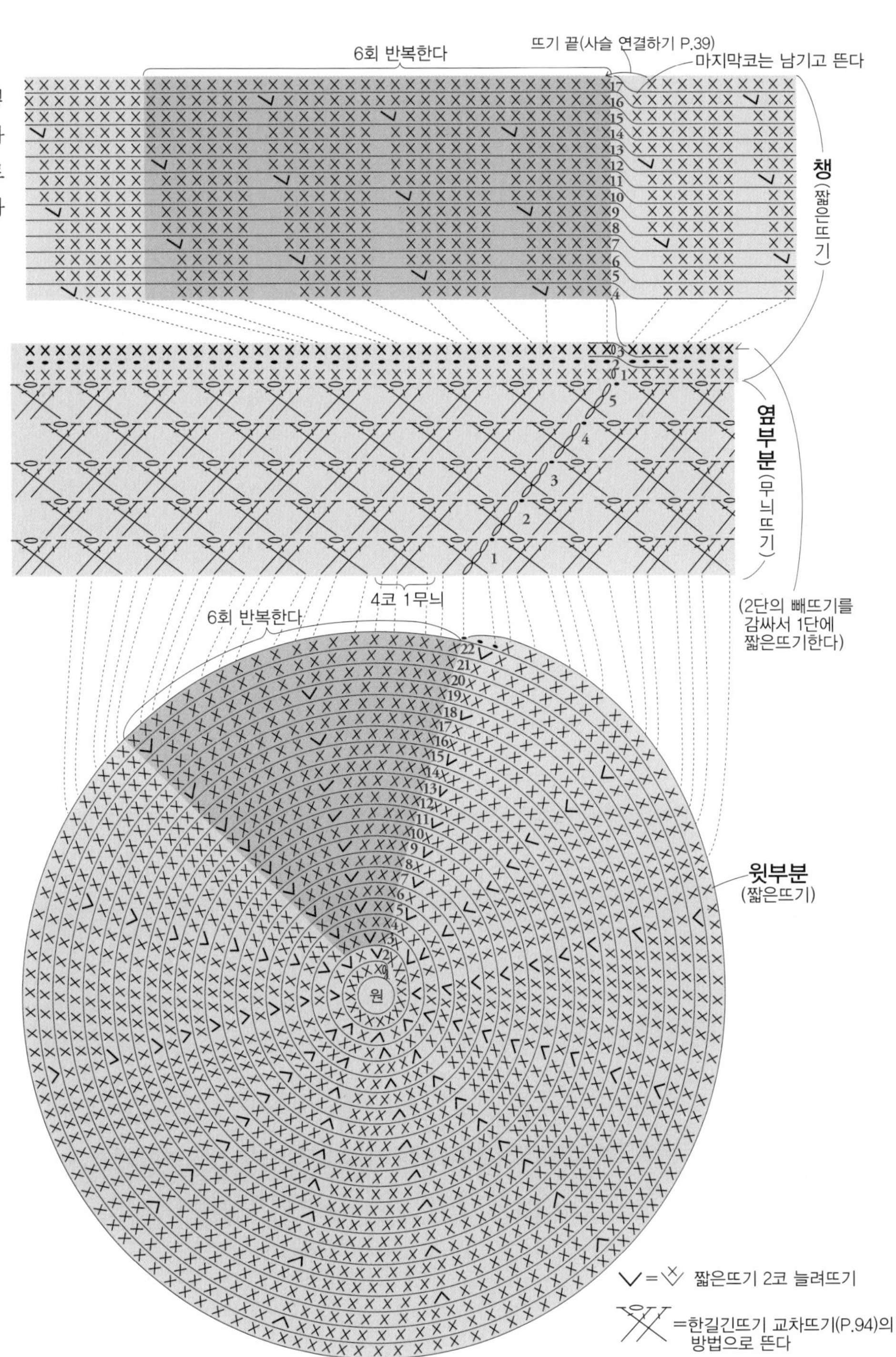

24 BAG

{photo} P.29

{준비물}

실 / 하마나카 에코안다리아(40g 1볼)
블루그린(63) 50g, 로즈핑크(54) 35g
샌드베이지(169) 30g, 아이보리(168) 25g
검정(30) 10g
바늘 / 하마나카 아미아미 양쪽 코바늘 라쿠라쿠 6/0호
{게이지} 짧은뜨기 18코 17단=10cm×10cm
{완성 치수} 너비 23cm, 높이 20cm, 바닥 10cm

{뜨는 방법} 실 한 가닥을 사용해서 지정한 배색대로 뜹니다.
옆면은 사슬 41코로 시작코를 만들어서 그림과 같이 배색하며 짧은뜨기로 86단을 뜹니다. 옆면에서 코를 주워 옆판을 짧은뜨기합니다. 맞춤점(○, ◎, ▲, ■)을 맞춰서 코를 주워 꿰맵니다. 손잡이는 사슬 56코로 시작코를 만들어서 그림과 같이 코를 늘려가며 짧은뜨기와 빼뜨기로 2개를 뜬 뒤, 옆면에 감침질해서 답니다.

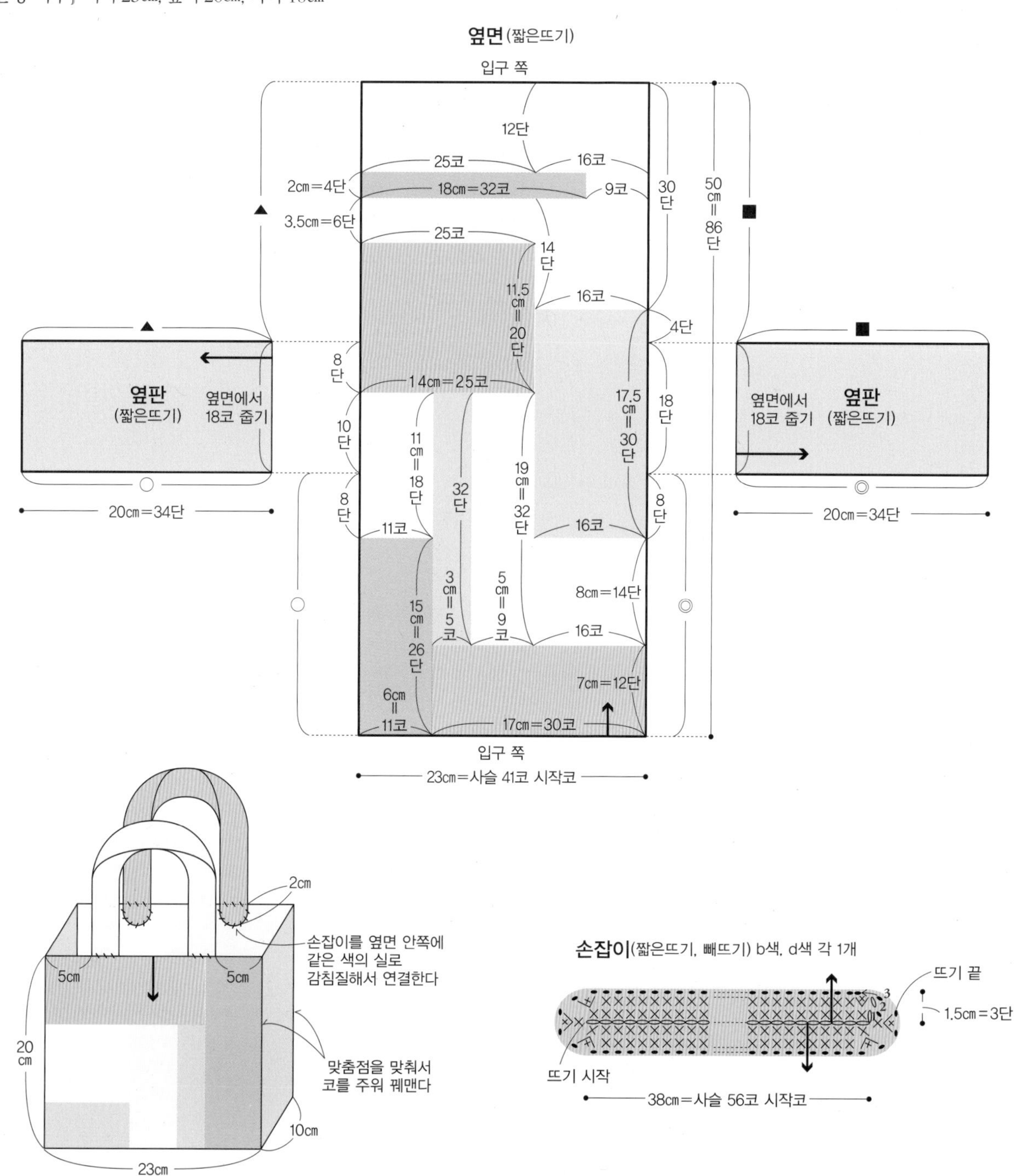

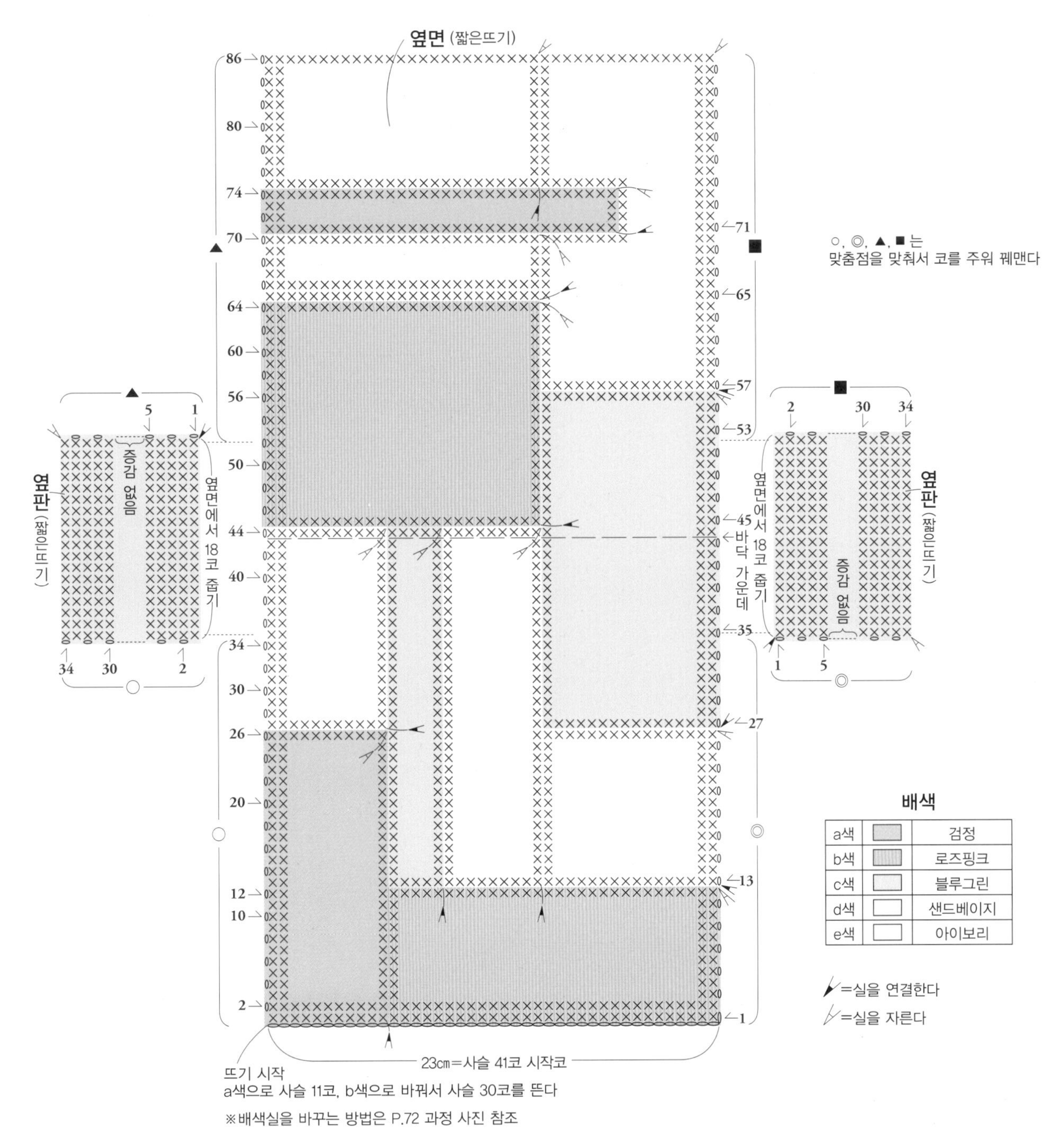

배색

a색		검정
b색		로즈핑크
c색		블루그린
d색		샌드베이지
e색		아이보리

뜨기 시작
a색으로 사슬 11코, b색으로 바꿔서 사슬 30코를 뜬다

※배색실을 바꾸는 방법은 P.72 과정 사진 참조

•뜨기 시작 부분의 시작코

a색으로 사슬 11코를 뜬 뒤 b색으로 바꾼다. 실끝은 1단을 뜰 때 감싸서 뜬다.

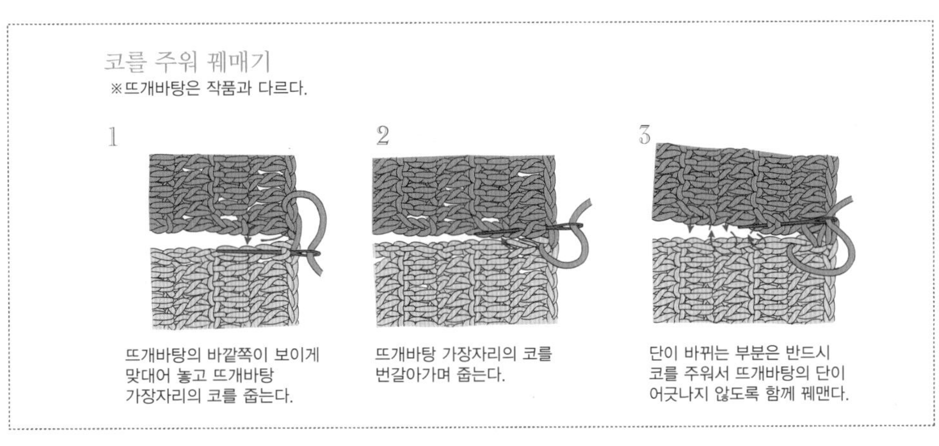

코를 주워 꿰매기
※뜨개바탕은 작품과 다르다.

1 뜨개바탕의 바깥쪽이 보이게 맞대어 놓고 뜨개바탕 가장자리의 코를 줍는다.

2 뜨개바탕 가장자리의 코를 번갈아가며 줍는다.

3 단이 바뀌는 부분은 반드시 코를 주워서 뜨개바탕의 단이 어긋나지 않도록 함께 꿰맨다.

26 BAG

{photo} P.31

{준비물}
실 / 하마나카 에코안다리아(40g 1볼)
네이비(57) 100g, 라임옐로(19), 흰색(1) 각 40g
바늘 / 하마나카 아미아미 양쪽 코바늘 라쿠라쿠 5/0호
기타 / 하마나카 가죽 바닥(대) 짙은 갈색
(지름 20㎝ / H204-616) 1장
{게이지} 무늬뜨기 25.5코 28단 10㎝×10㎝
{완성 치수} 그림 참조

{뜨는 방법} 실 한 가닥을 사용해서 지정한 배색대로 뜹니다.
가죽 바닥의 구멍에 짧은뜨기 166코를 넣어 뜹니다. 옆면은 무늬뜨기로 각 단마다 뜨는 방향을 바꿔가며 원통으로 56단을 뜹니다. 손잡이는 사슬 8코로 시작코를 만들어서 콧수의 증감 없이 71단을 뜹니다. 같은 모양을 하나 더 뜬 후, 각각 양끝을 남기고 감침질해서 지정한 위치에 꿰매 붙입니다.

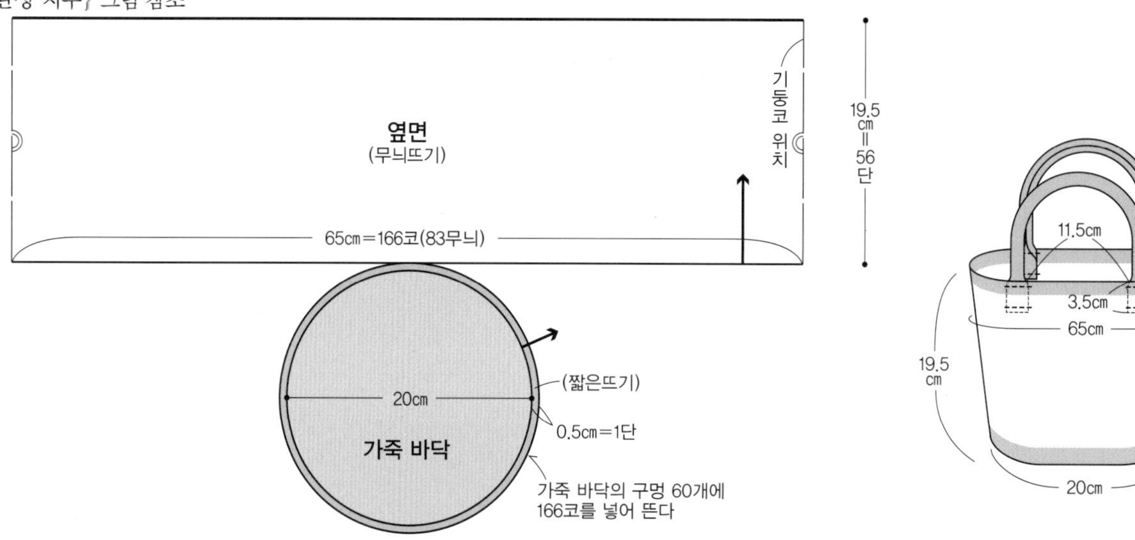

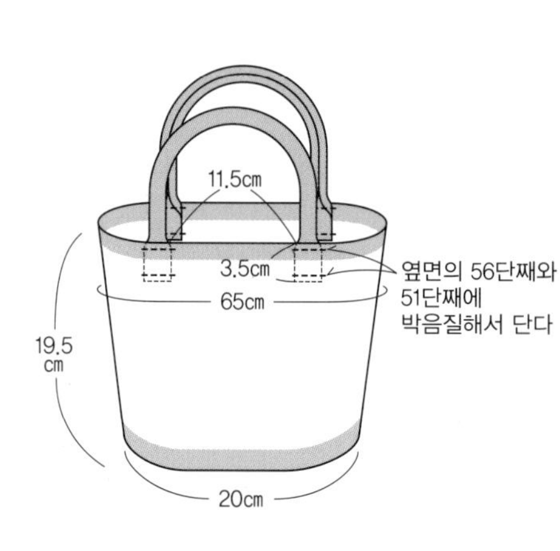

•무늬뜨기하는 방법

아랫단의 사슬뜨기를 감싸 전전단 머리 뒤쪽 반코를 주워 짧은뜨기 방법으로 뜬다

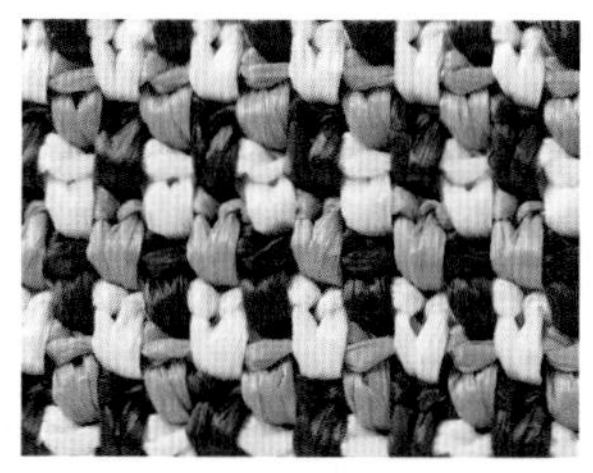

바깥쪽

안쪽

•배색실을 연결, 고정하는 방법

짝수단(바깥쪽을 보고 뜨는 단)의 뜨기 시작 부분

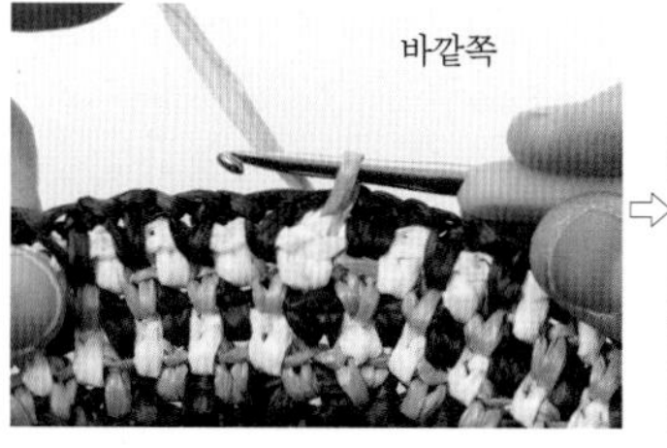

지정한 위치(전전단의 머리 뒤쪽 반코를 주운 위치)에서 실을 빼낸 뒤 뜨개 도안대로 뜬다.

짝수단의 뜨기 끝 부분

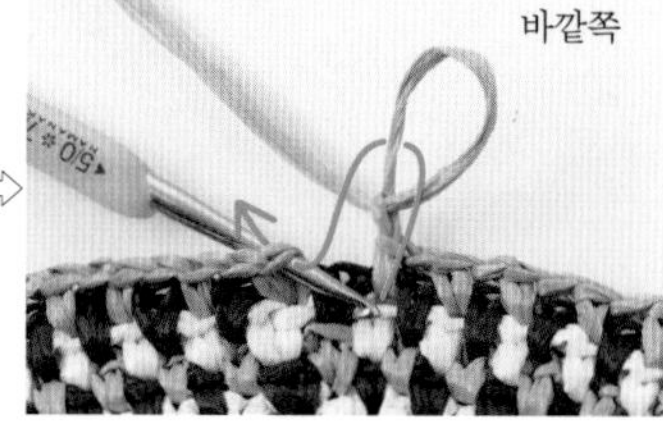

마지막코까지 뜨면 고리를 크게 빼서 쉬어둔다. 바늘을 한 번 빼고 첫코의 뒤쪽에서 바늘을 넣어 쉬어두었던 코를 빼내고 그 사이로 실매듭을 통과시켜 고정한다. 실은 자르지 않고 뜨개코 안쪽에 걸쳐놓는다.

홀수단(안쪽을 보고 뜨는 단)의 뜨기 시작 부분

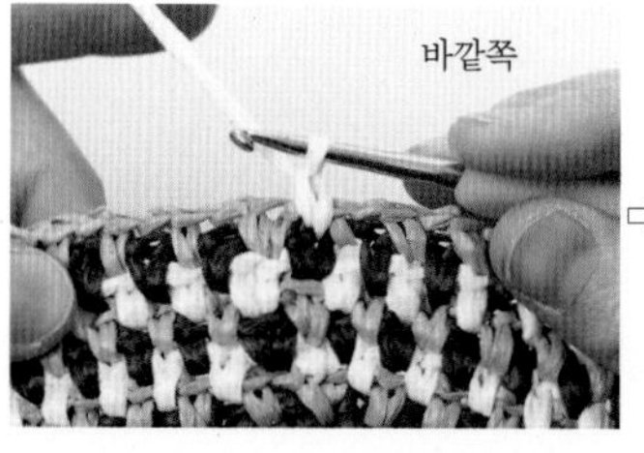

먼저 뜨개바탕이 바깥쪽인 상태에서 지정한 위치에 바늘을 넣어 실을 빼내 사슬 1코를 뜬다.

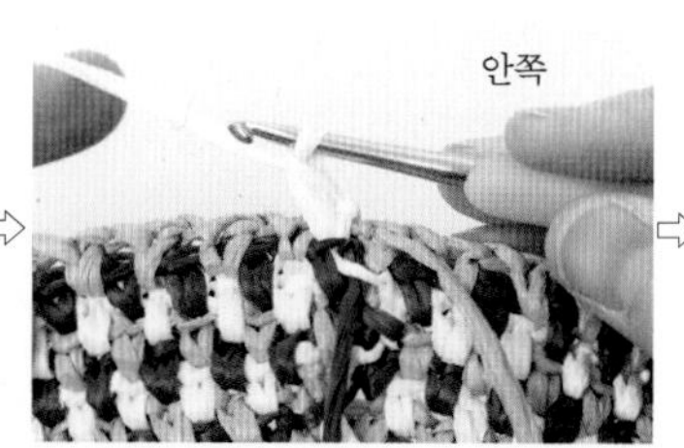

뜨개바탕을 안쪽으로 뒤집어서 짧은뜨기하고 뜨개 도안대로 이어서 뜬다.

홀수단의 뜨기 끝 부분

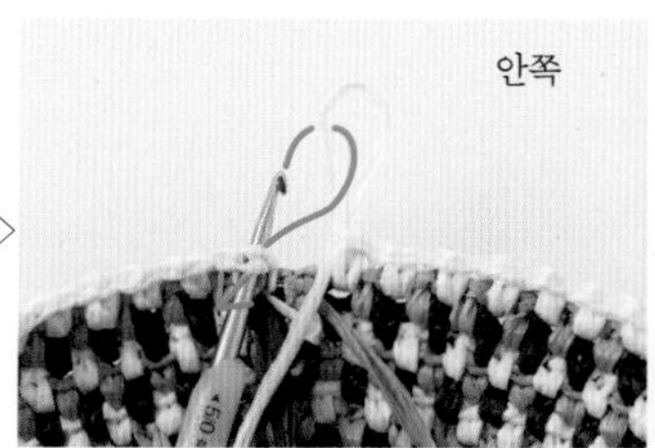

'짝수단의 뜨기 끝 부분'과 같은 방법으로 첫코의 뒤쪽에서 바늘을 넣어 코를 빼내고 그 사이로 실매듭을 통과시켜 고정한다. 실은 자르지 않고 뜨개코 안쪽에 걸쳐놓는다.

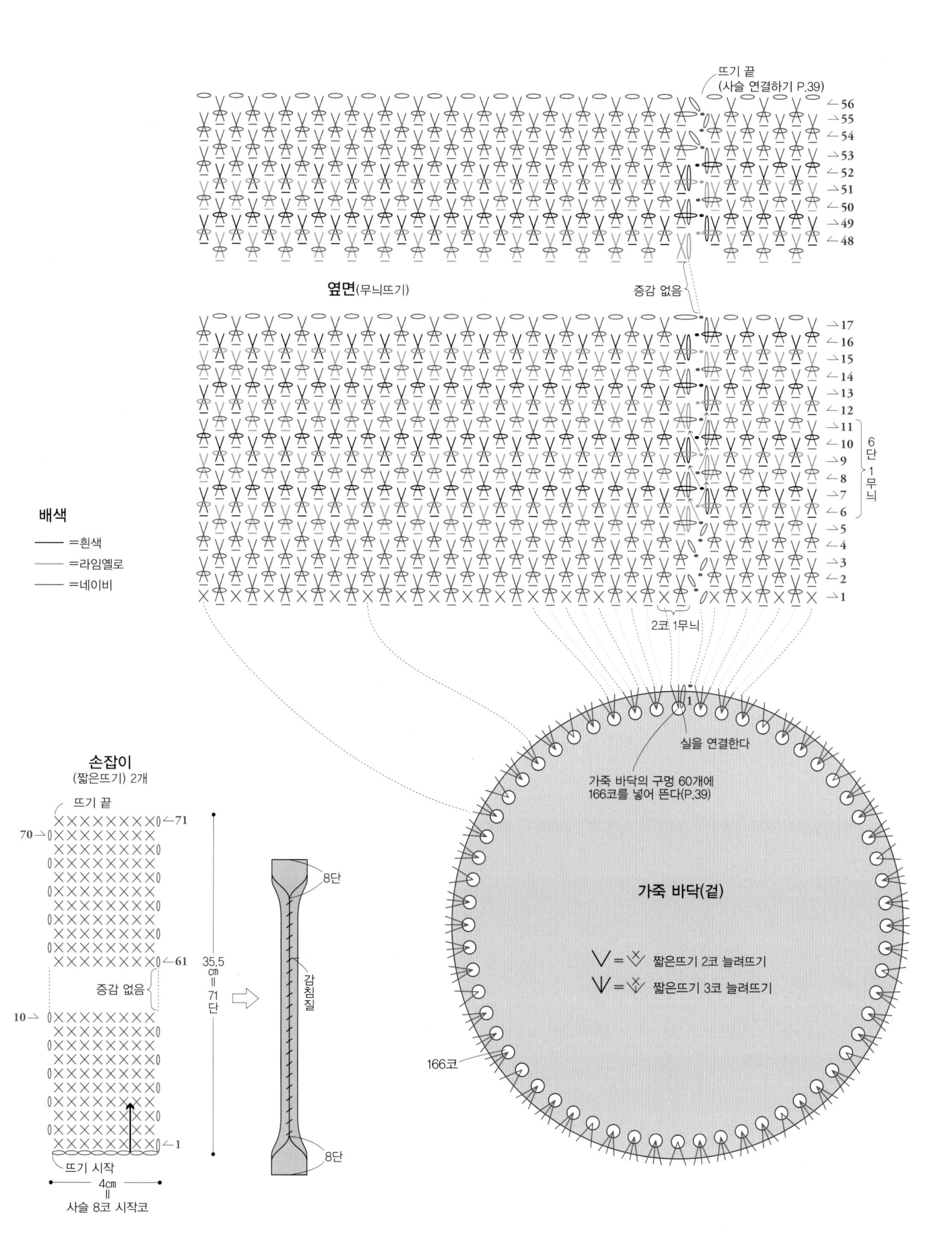
뜨기 끝
(사슬 연결하기 P.39)
옆면(무늬뜨기)
증감 없음
6단 1무늬
2코 1무늬
배색
=흰색
=라임옐로
=네이비
실을 연결한다
가죽 바닥의 구멍 60개에
166코를 넣어 뜬다(P.39)
가죽 바닥(겉)
= 짧은뜨기 2코 늘려뜨기
= 짧은뜨기 3코 늘려뜨기
166코
손잡이
(짧은뜨기) 2개
뜨기 끝
증감 없음
뜨기 시작
4㎝
=
사슬 8코 시작코
35.5㎝
=
71단
8단
감침질
8단

27 HAT

{photo} P.32

{준비물}

실 / 하마나카 에코안다리아(40g 1볼) 베이지(23) 115g
바늘 / 하마나카 아미아미 양쪽 코바늘 라쿠라쿠 5/0호
기타 / 테크노로트(H204-593) 약 105cm
열수축 튜브(H204-605) 5cm
폭 3cm짜리 사이즈 조절 테이프 약 58cm
지름 2mm짜리 왁스 끈 약 65cm
폭 1.4cm짜리 태피터 리본(네이비) 120cm×2줄, 손바느질용 실

{게이지} 짧은뜨기 18코 20단=10cm×10cm

{완성 치수} 머리둘레 56cm, 높이 15.5cm

{뜨는 방법} 실 한 가닥으로 뜹니다.

크라운은 원형 시작코를 잡아 짧은뜨기 6코를 넣어 뜹니다. 2단부터는 그림처럼 코를 늘려가며 짧은뜨기합니다. 크라운을 다 뜨면 스팀다리미를 사용해서 모양을 한 번 잡습니다. 챙은 그림과 같이 코를 늘려가며 왕복해서 무늬뜨기합니다. 그런 다음 테두리뜨기를 하는데 테두리뜨기의 2단은 테크노로트를 감싸서 뜹니다. 리본을 감아서 묶고 여러 군데를 꿰매 고정합니다.

콧수와 코 늘리기

	단	콧수	코 늘리기
테두리뜨기	3	208코	증감 없음
	2	208코	증감 없음
	1	208코	증감 없음
챙	2~8	26무늬	기호도 참조
	1	104코	2코 늘린다
크라운	21~31	102코	증감 없음
	20	102코	6코 늘린다
	19	96코	증감 없음
	18	96코	6코 늘린다
	17	90코	증감 없음
	16	90코	6코 늘린다
	15	84코	증감 없음
	14	84코	각 단마다 6코씩 늘린다
	13	78코	
	12	72코	
	11	66코	
	10	60코	
	9	54코	
	8	48코	
	7	42코	
	6	36코	
	5	30코	
	4	24코	
	3	18코	
	2	12코	
	1	원 속에 6코 넣어 뜨기	

테크노로트를 감싸서 뜬다(P.39)

∨ = 짧은뜨기 2코 늘려뜨기
∨ = 짧은뜨기 3코 늘려뜨기
∧ = 짧은뜨기 3코 모아뜨기

29 BAG

{photo} P.34

{준비물}
실 / 하마나카 에코안다리아(40g 1볼)
다크오렌지(69) 220g
바늘 / 하마나카 아미아미 양쪽 코바늘 라쿠라쿠 5/0호
기타 / 폭 23㎝, 길이 38㎝ 가죽 손잡이(짙은 갈색) 1쌍, 가죽용 실
{게이지} 무늬뜨기 1무늬=7.5㎝, 1무늬(8단)=9㎝
{완성 치수} 그림 참조

{뜨는 방법} 실 한 가닥으로 뜹니다.
본체는 사슬 62코로 시작코를 만들어서 그림과 같이 코를 늘려가며 짧은뜨기로 6단을 뜹니다. 계속해서 옆면을 무늬뜨기합니다. 입구는 옆면에 이어서 짧은뜨기로 3단을 뜹니다. 손잡이는 가죽용 실 두 가닥으로 박음질해서 답니다.

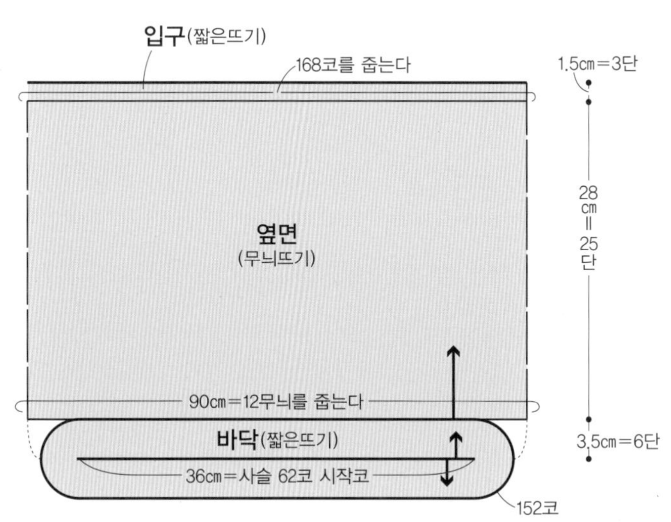

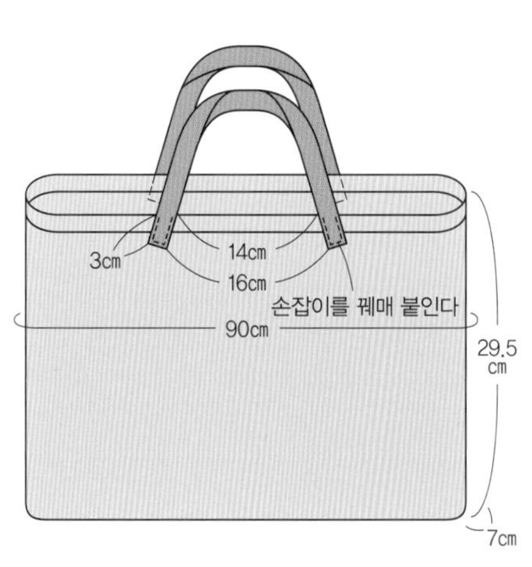

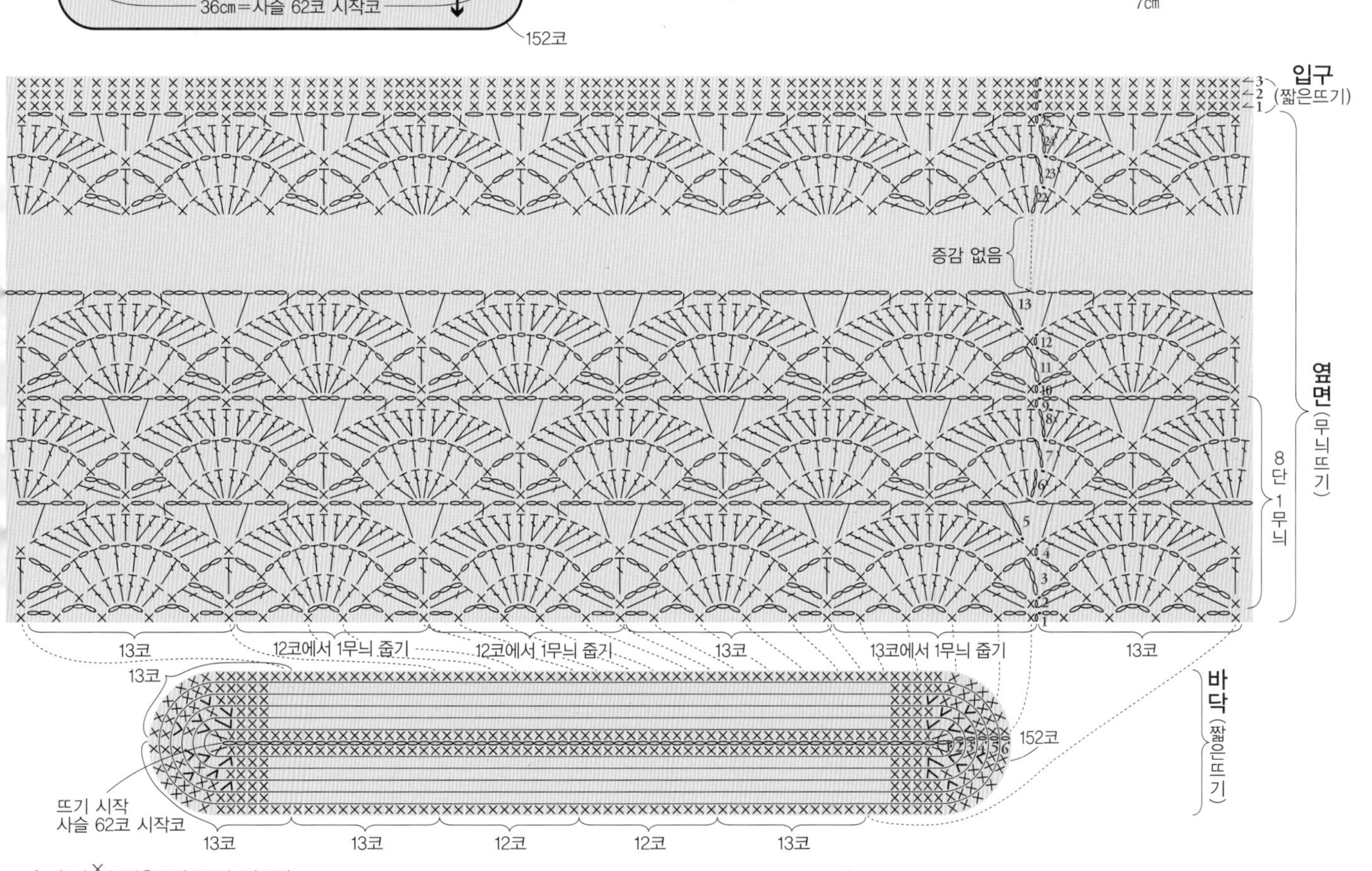

∨ = 짧은뜨기 2코 늘려뜨기

28 BAG

{photo} P.33

{준비물}
실 / 하마나카 에코안다리아(40g 1볼)
베이지(23) 180g
바늘 / 하마나카 아미아미 양쪽 코바늘 라쿠라쿠 5/0호
기타 / 안지름 16㎝짜리 대나무 핸들 1쌍
{게이지} 무늬뜨기 2무늬=8.5㎝, 1무늬(4단)=6.5㎝
{완성 치수} 그림 참조

{뜨는 방법} 실 한 가닥으로 뜹니다.
사슬 73코로 시작코를 만들고 시작코 양쪽에서 코를 주워 원통으로 14단을 무늬뜨기합니다. 앞뒤로 나누고 트임 끝에서 위쪽을 4단 왕복해서 뜨고 손잡이 고정용 부분을 짧은뜨기와 한길긴뜨기로 뜹니다. 손잡이를 감싸서 감침질합니다.

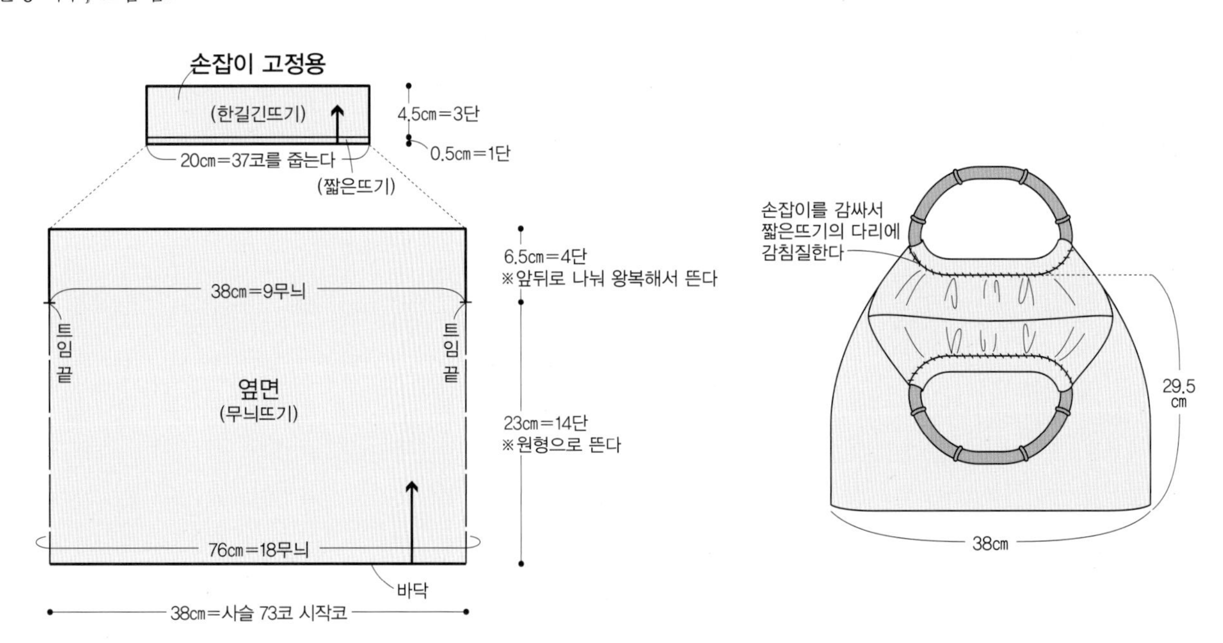

꽃무늬를 뜨는 방법

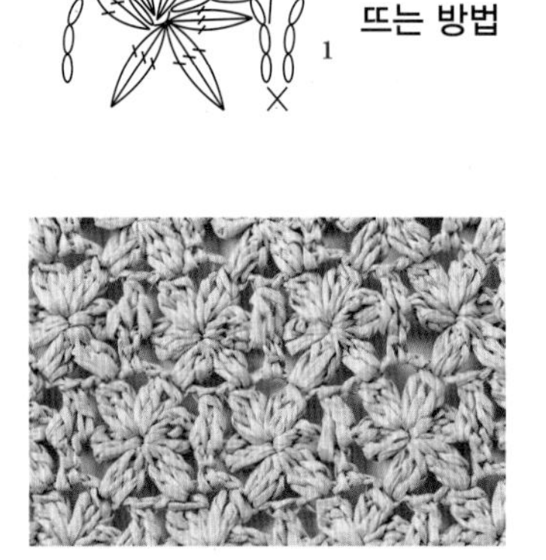

1단

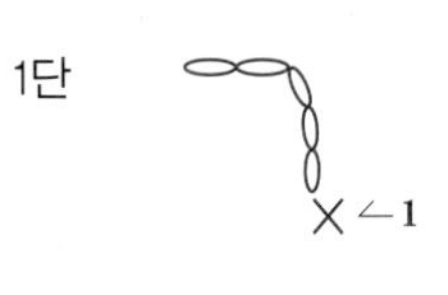

①짧은뜨기 1코와 사슬 5코를 뜬다.

②한길긴뜨기 3코 구슬뜨기를 3코 모아뜨기한다.

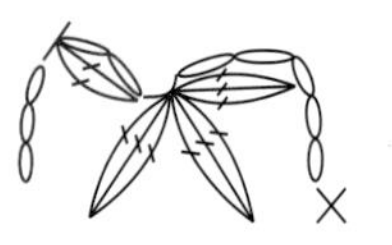

③사슬 2코로 기둥코를 만들고 ②의 코에 한길긴뜨기 3코 구슬뜨기를 한 뒤 다시 사슬 3코를 뜬다. ①~③을 반복한다.

2단

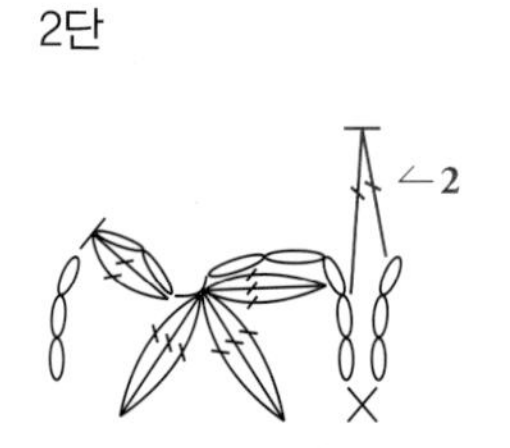

④아랫단의 사슬고리 아래로 바늘을 넣어 감싸듯이 한길긴뜨기 2코 모아뜨기를 한다.

⑤사슬 1코를 뜨고 ②의 코에 한길긴뜨기 3코 구슬뜨기를 한다.

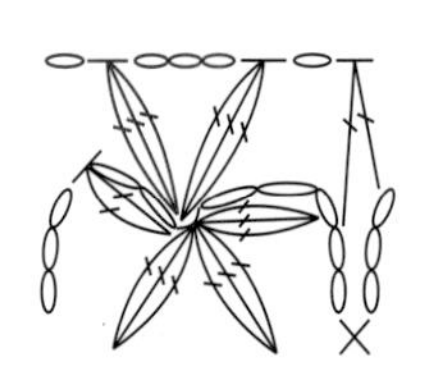

⑥사슬 3코를 뜨고 ②의 코에 한길긴뜨기 3코 구슬뜨기를 한 뒤 다시 사슬 1코를 뜬다. ④~⑥을 반복한다.

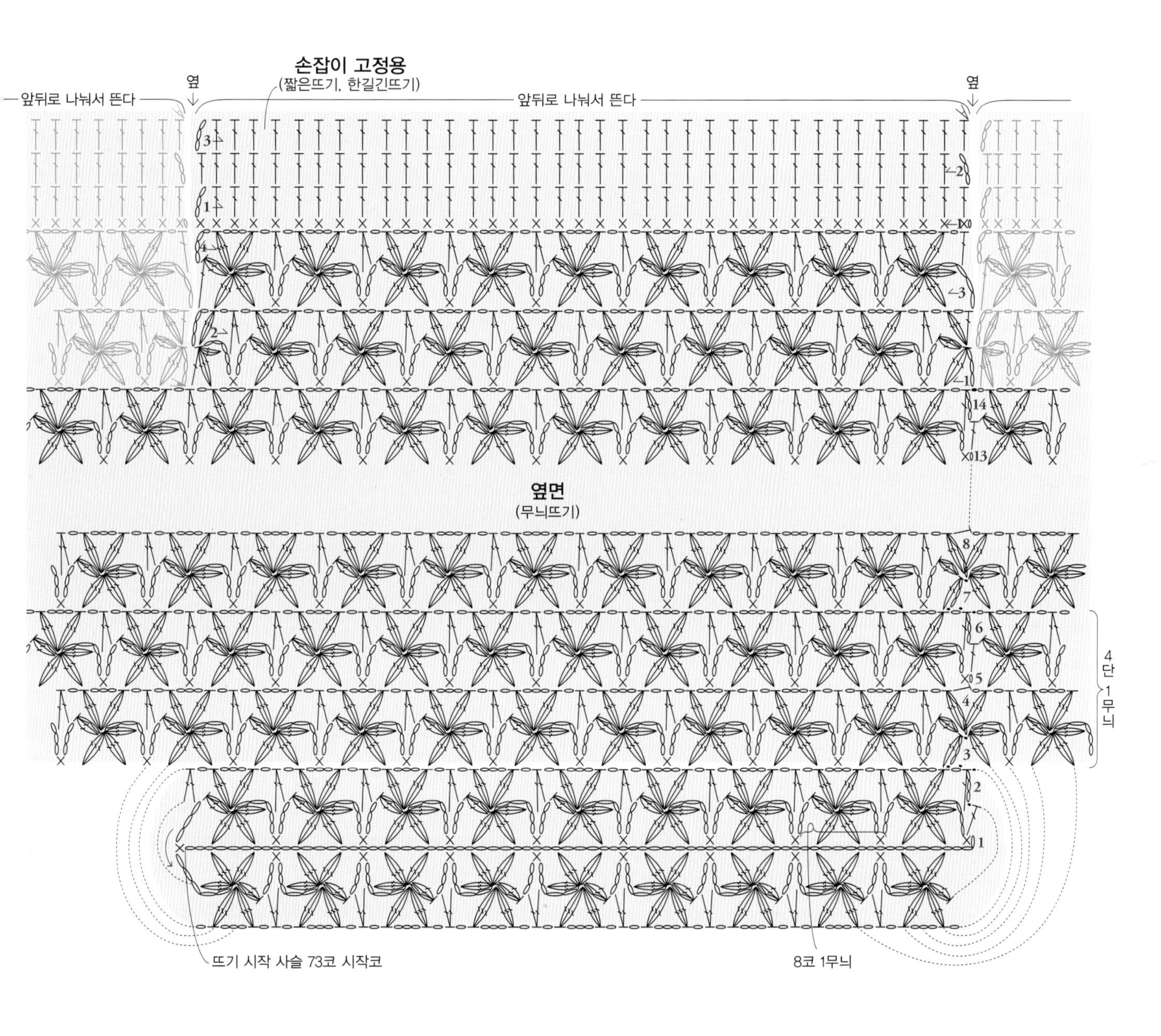

=실을 연결한다 =실을 자른다

30 BAG

{photo} P.35

{준비물}
실 / 하마나카 에코안다리아(40g 1볼)
스트로(42) 240g
바늘 / 하마나카 아미아미 양쪽 코바늘 라쿠라쿠 5/0호
기타 / 하마나카 사각형 가죽 바닥 베이지
(15cm×30cm / H204-617-1) 1장
{게이지} 무늬뜨기 18.5코 20단=10cm×10cm
짧은뜨기 60코=31cm, 20단=10cm
{완성 치수} 그림 참조

{뜨는 방법} 실 한 가닥으로 뜹니다.
가죽 바닥의 구멍에 짧은뜨기 180코를 넣어 뜹니다. 옆면은 무늬뜨기와 짧은뜨기로 45단을 원통으로 뜨는데, 코 늘리기에 주의해 뜹니다. 손잡이는 사슬 60코로 시작코를 만들어서 그림과 같이 짧은뜨기로 1단을 뜨고, 2단은 빼뜨기로 뜹니다. 같은 모양을 하나 더 떠서 지정한 위치에 손잡이를 꿰매 붙입니다. 무늬뜨기의 모서리 2코를 에코안다리아 한 가닥으로 감침질합니다.

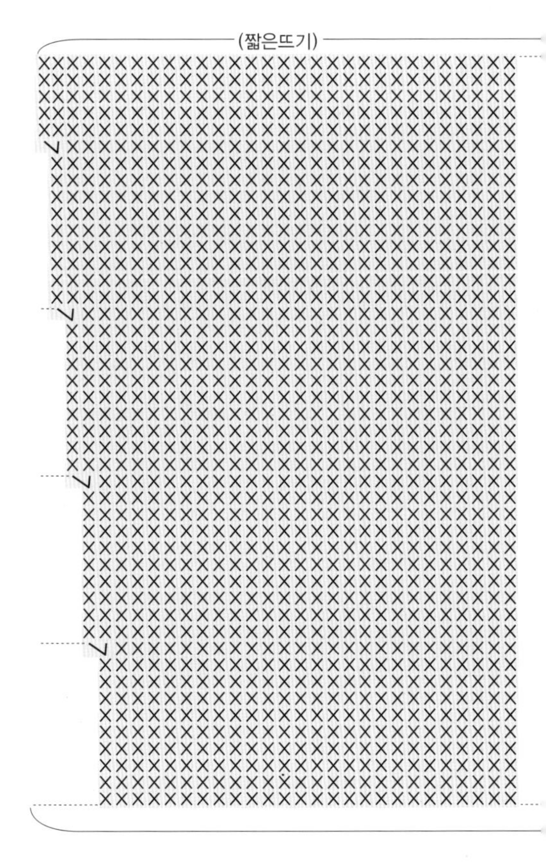

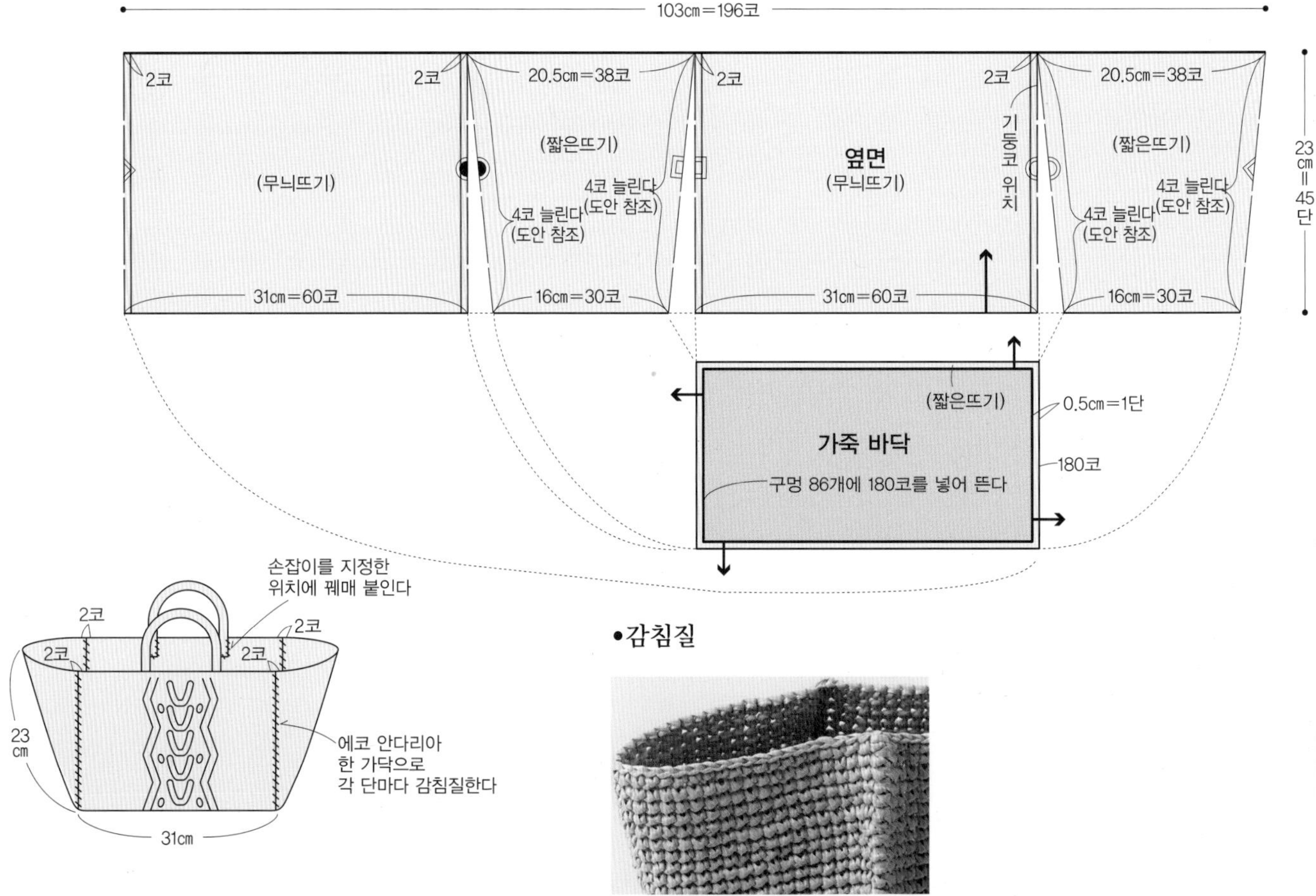

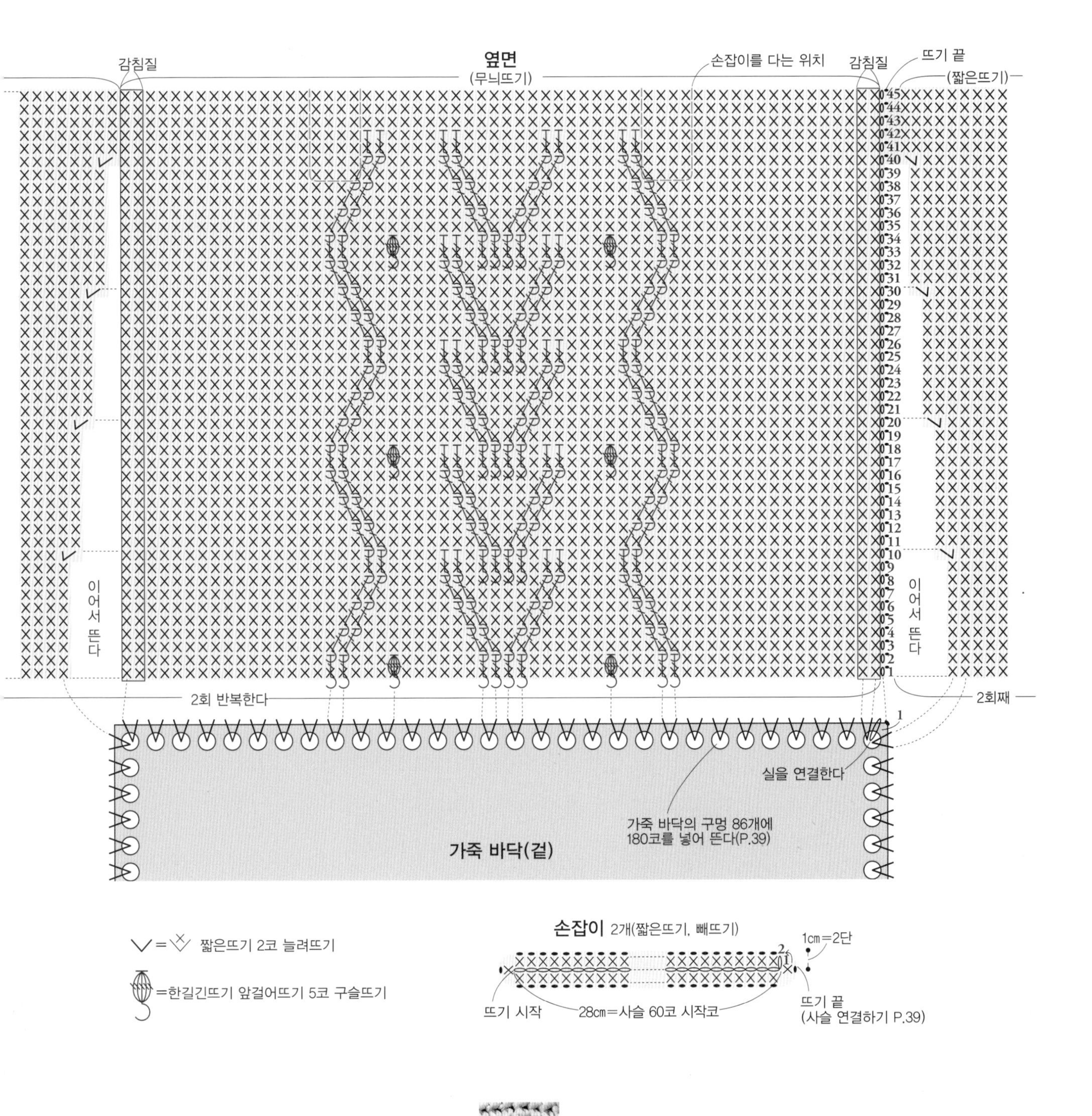

•한길긴뜨기 앞걸어뜨기 5코 구슬뜨기

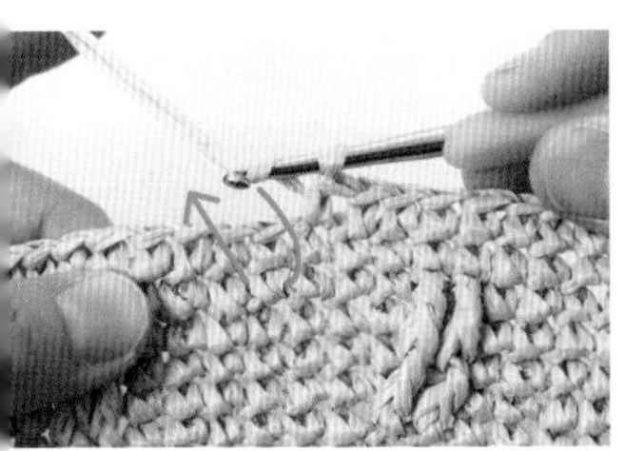

1 바늘에 실을 걸고 사진의 화살표처럼 전전단 짧은뜨기의 다리에 바늘을 넣은 뒤 실을 걸어서 빼낸다.

2 다시 바늘에 실을 걸어서 바늘에 걸려 있던 고리 두 개를 빼낸다(미완성의 한길긴뜨기).

3 바늘에 실을 걸고 1과 똑같은 곳에 바늘을 넣은 뒤 실을 걸어서 빼내고 미완성의 한길긴뜨기 5코를 뜬다.

4 5코를 뜬 모습. 바늘에 실을 걸고 바늘에 걸려 있던 고리를 한 번에 빼낸다.

코바늘뜨기의 기초

{ 뜨개코 기호 }

사슬뜨기

1

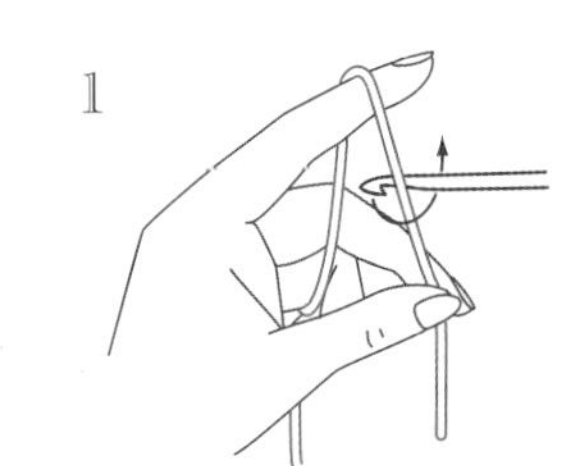

2

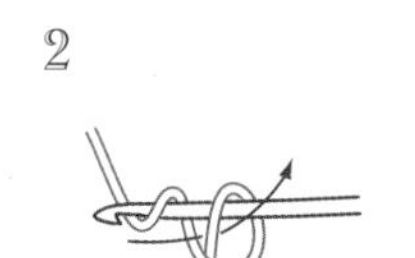

3

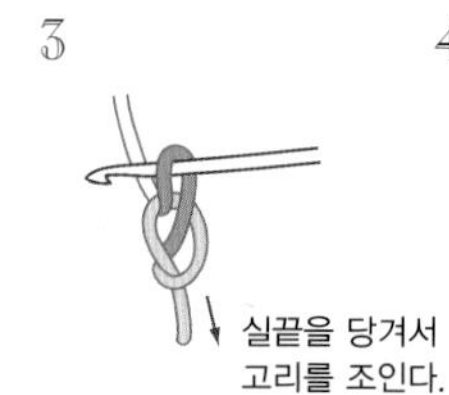

실끝을 당겨서 고리를 조인다.

4

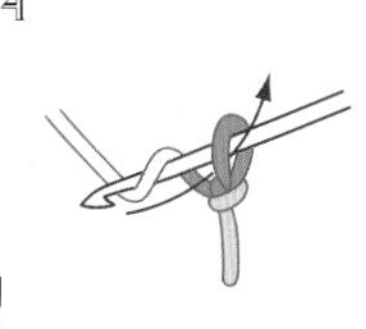

5

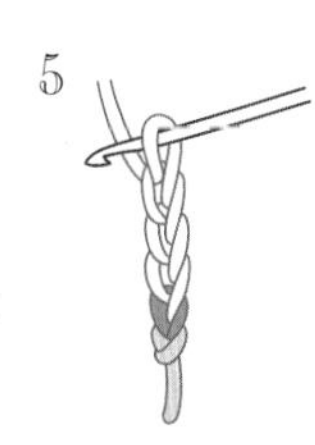

짧은뜨기

1

사슬뜨기 1코로 기둥코를 만들고
화살표 방향으로 바늘을 넣는다.

2

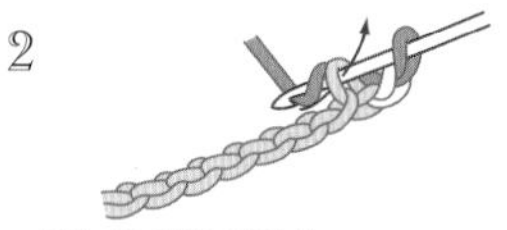

바늘에 실을 걸어서
화살표와 같이 뺀다.

3

바늘에 실을 걸어서 바늘에 걸려 있던
고리를 한 번에 빼낸다.

4

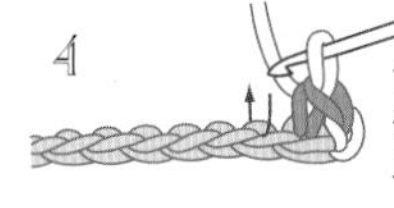

1코 완성.
짧은뜨기는 기둥코인
사슬뜨기를 1코로 세지 않는다.

5

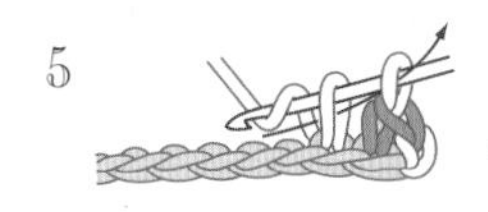

1~3을
반복한다.

6

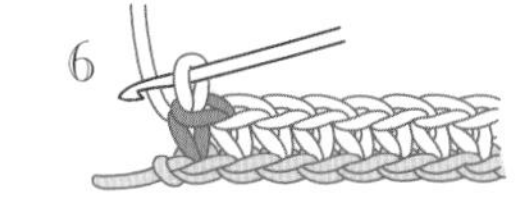

긴뜨기

1

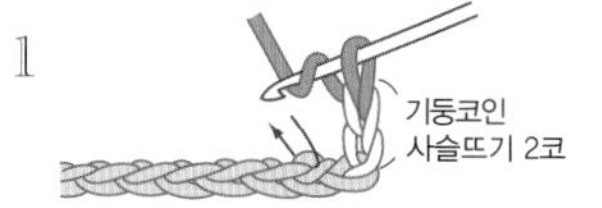

사슬뜨기 2코로 기둥코를 만든다.
바늘에 실을 걸어서 화살표 방향으로 바늘을 넣는다.

2

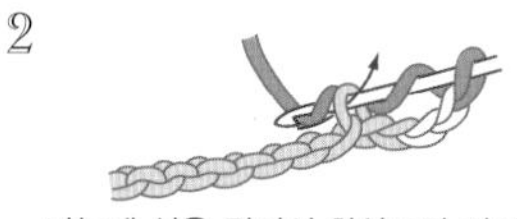

바늘에 실을 걸어서 화살표와 같이
사슬뜨기 2코 길이로 실을 뺀다.
이 상태가 '긴뜨기 미완성코'다.

3

바늘에 실을 걸어서 바늘에 걸려 있던
고리를 한 번에 빼낸다.

4

1코 완성. 기둥코인 사슬뜨기를
1코로 센다.

5

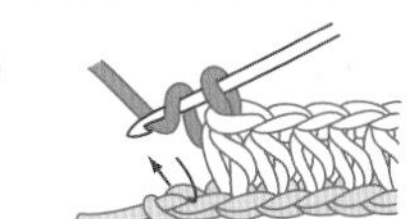

1~3을 반복한다.

6

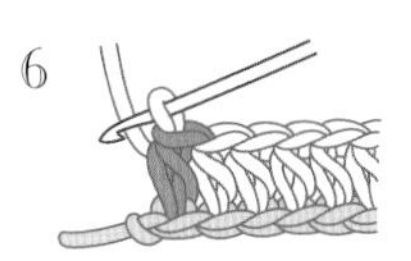

한길긴뜨기

1

사슬뜨기 3코로 기둥코를 만든다.
바늘에 실을 걸어서 화살표 방향으로 바늘을 넣는다.

2

바늘에 실을 걸어서 화살표와 같이
1단 길이의 반 정도로 실을 뺀다.

3

바늘에 실을 걸어서 1단 길이로
실을 뺀다. 이 상태가
'한길긴뜨기 미완성코'다.

4

바늘에 실을 걸어서 바늘에 걸려
있던 고리를 한 번에 빼낸다.

5

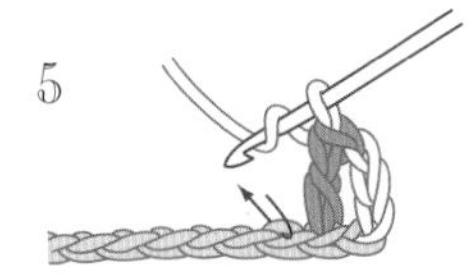

1코 완성. 기둥코인 사슬뜨기를
1코로 센다.

6

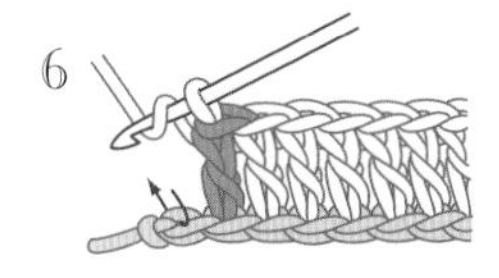

1~4를 반복한다.

빼뜨기

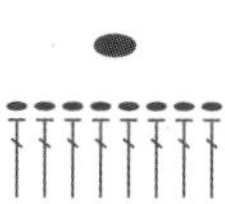

1

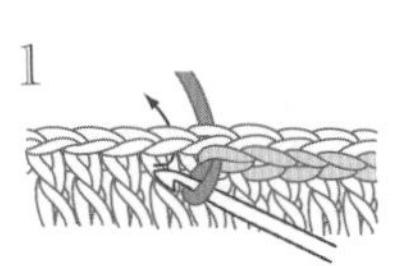

바늘을 화살표 방향으로
코머리에 넣는다.

2

바늘에 실을 걸어서 한 번에 빼낸다.

3

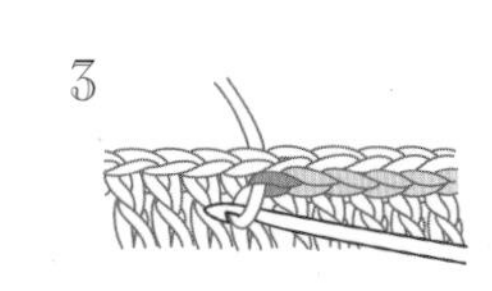

1, 2를 반복해서 뜨개코가 당기지
않을 정도로 느슨하게 뜬다.

두길긴뜨기

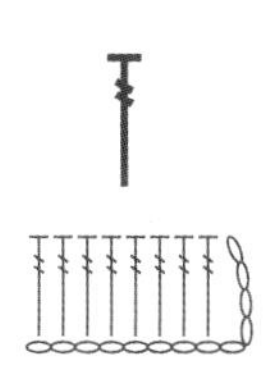

1

사슬뜨기 4코로 기둥코를 만든다.
바늘에 실을 두 번 감아서
화살표 방향으로 바늘을 넣는다.

2

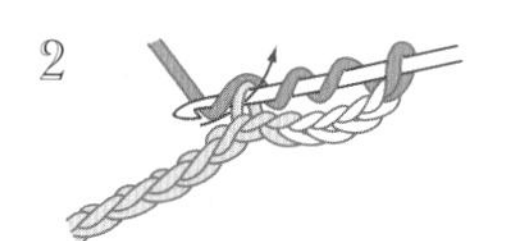

바늘에 실을 걸어서 화살표와 같이
1단 길이의 1/3 정도로 실을 뺀다.

3

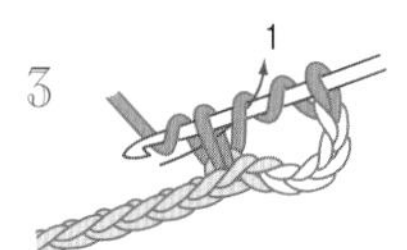

바늘에 실을 걸어서
고리 두 개를 빼낸다.

4

바늘에 실을 걸어서
고리 두 개를 빼낸다.

5

바늘에 실을 걸어서
나머지 고리 두 개를 빼난다.

6

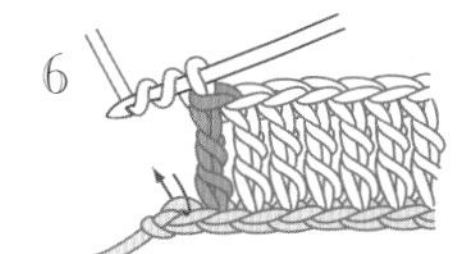

1~5를 반복한다. 기둥코인
사슬뜨기를 1코로 센다.

짧은뜨기 2코 늘려뜨기

1

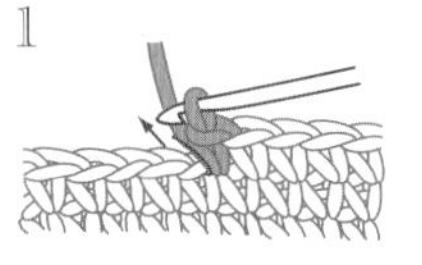

짧은뜨기 1코를 뜨고
같은 자리에 1코를 더 뜬다.

2

1코 늘어난다.

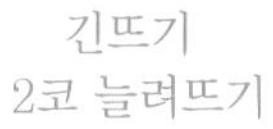

긴뜨기 2코 늘려뜨기

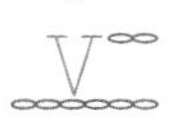

긴뜨기 1코를 뜨고
같은 자리에 바늘을 넣어서
한 번 더 긴뜨기를 한다.

한길긴뜨기 2코 늘려뜨기

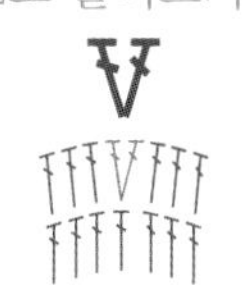

1

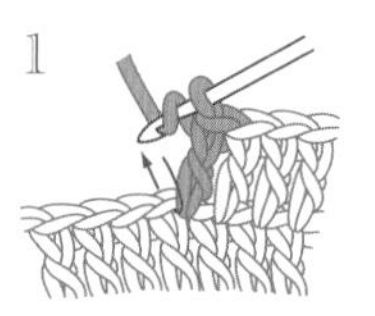

한길긴뜨기 1코를 뜨고
같은 자리에 한 번 더
바늘을 넣는다.

2

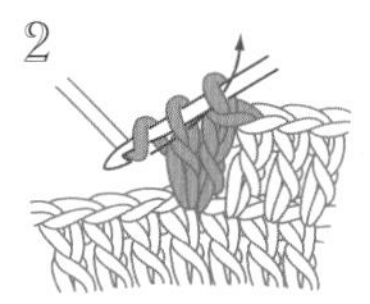

코의 길이를 맞춰서
한길긴뜨기한다.

3

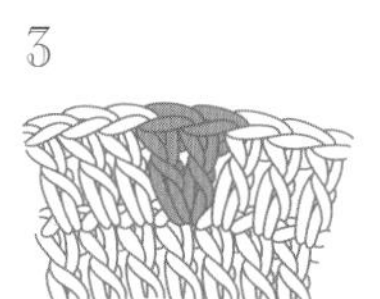

1코 늘어난다.

※늘려뜨는 콧수가 늘어나도 같은 방법으로 뜬다.

짧은뜨기 3코 늘려뜨기

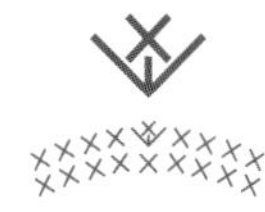

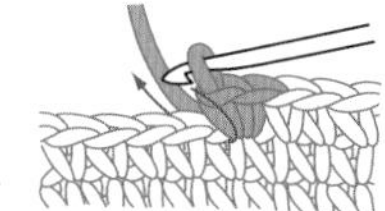

'짧은뜨기 2코 늘려뜨기'의 방법으로 같은
자리에 바늘을 세 번 넣어서 짧은뜨기한다.

짧은뜨기 2코 모아뜨기

1

첫코의 실을 빼고
다음 코에서도 실을 뺀다.

2

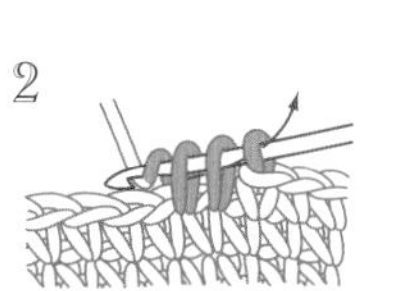

바늘에 실을 걸어서
바늘에 걸려 있던 모든 고리를
한 번에 빼낸다.

3

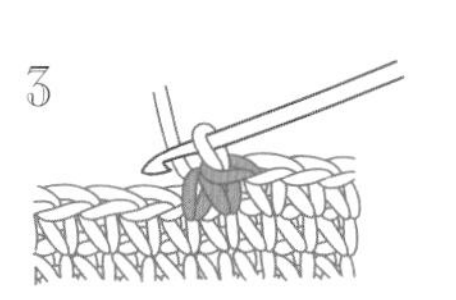

짧은뜨기
2코가 1코가 된다.

V 와 W 의 구별

다리가 붙어 있는 경우

아랫단의 1코에
바늘을 넣는다.

다리가 떨어져 있는 경우

아랫단의 사슬고리 아래로
바늘을 감싸듯이 뜬다.

한길긴뜨기 2코 모아뜨기

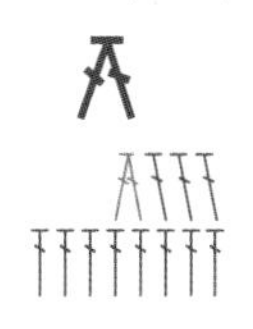

1

한길긴뜨기를 중간까지 뜨고
다음 코에 바늘을 넣어서
실을 뺀다(한길긴뜨기 미완성코).

2

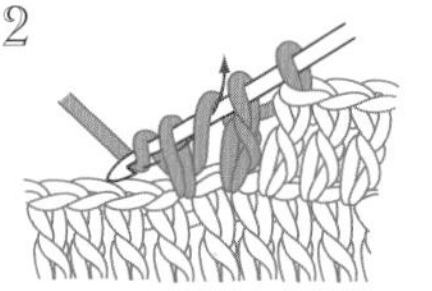

한길긴뜨기를 중간까지 뜬다.

3

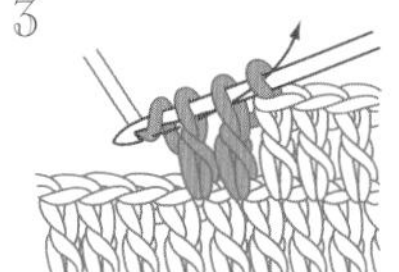

두 코의 길이를 맞춰서
한 번에 빼낸다.

4

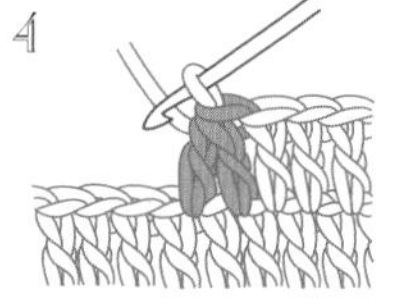

한길긴뜨기 2코가
1코가 된다.

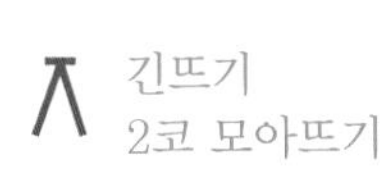

긴뜨기 2코 모아뜨기

※ '한길긴뜨기 2코 모아뜨기'의
방법으로 긴뜨기 2코
모아뜨기를 한다.

짧은뜨기 이랑뜨기

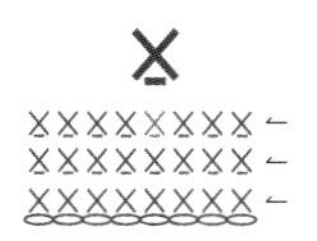

1

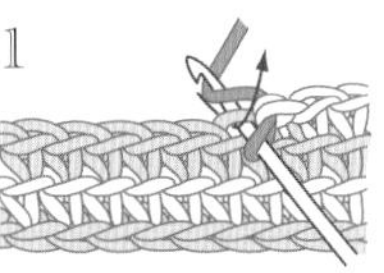

아랫단 짧은뜨기의
코머리 반코만 줍는다.

2

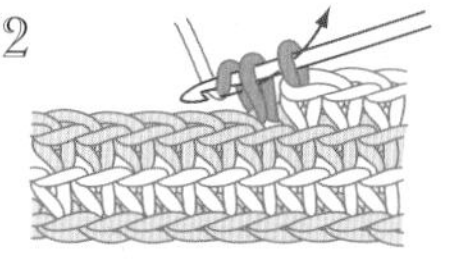

짧은뜨기한다.

3

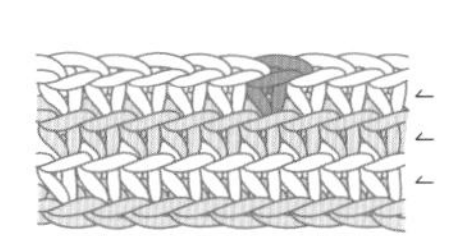

아랫단 코 앞쪽의 남은 반코가
연결되어 줄이 생긴다.

한길긴뜨기 이랑뜨기

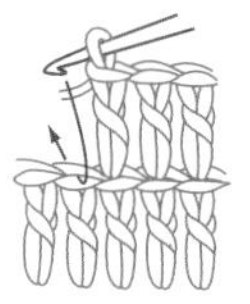

아랫단 한길긴뜨기에서
코머리 반코만 줍는다.

※긴뜨기 이랑뜨기의 경우
이와 같은 방법으로
긴뜨기한다.

되돌아 짧은뜨기

1

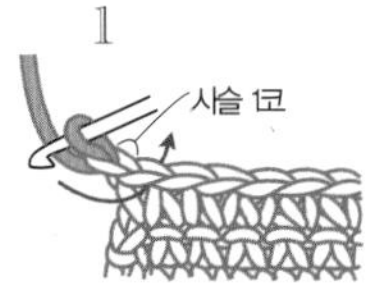

바늘을 앞쪽에서 돌려서 화살표와 같이 코를 줍는다.

2

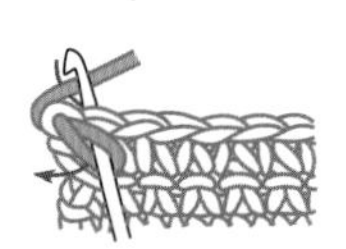

바늘에 실을 걸어서 화살표와 같이 실을 뺀다.

3

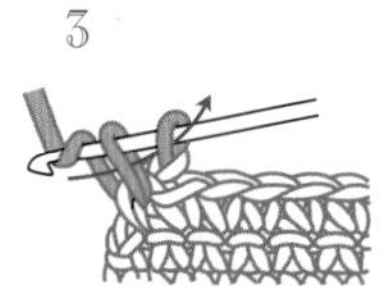

바늘에 실을 걸어서 고리 두 개를 빼낸다.

4

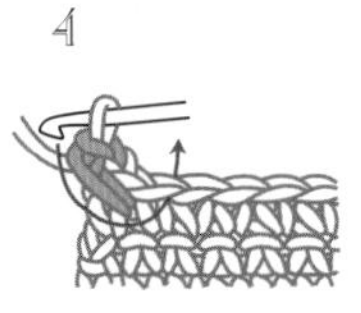

1~3을 반복하여 왼쪽에서 오른쪽으로 뜬다.

5

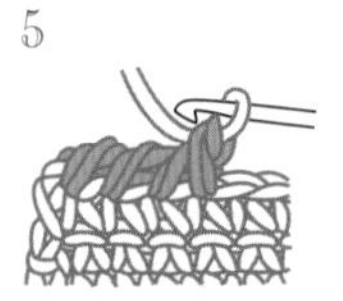

한길긴뜨기 3코 구슬뜨기

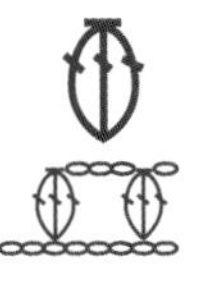

※한길긴뜨기 2코 구슬뜨기 경우에도 같은 방법으로 뜬다.

1

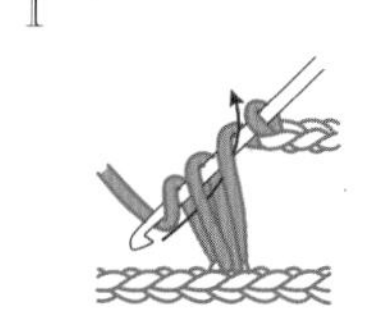

한길긴뜨기 미완성코 3코를 뜬다 (그림은 3코 중 첫 번째 코를 뜨는 방법).

2

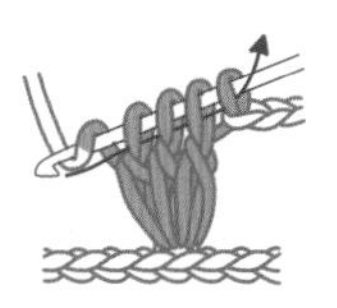

바늘에 실을 걸어서 한 번에 빼낸다.

3

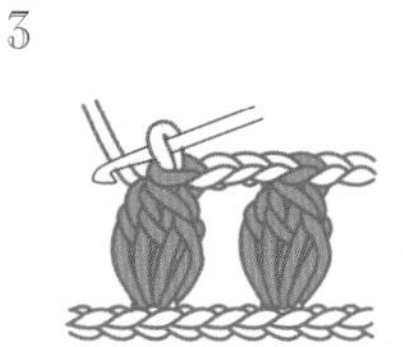

긴뜨기 3코 변형 구슬뜨기

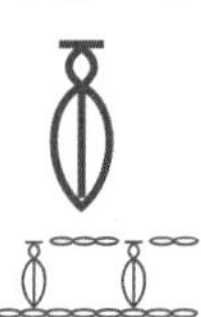

1

긴뜨기 미완성코 3코를 뜨고 화살표와 같이 빼낸다.

2

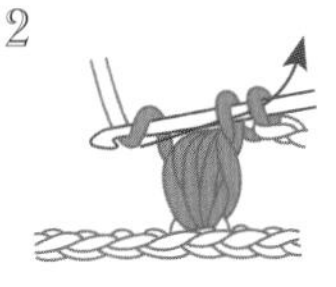

바늘에 실을 걸어서 고리 두 개를 한 번에 빼낸다.

3

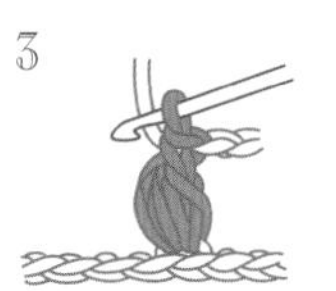

긴뜨기 2코 변형 구슬뜨기

※'긴뜨기 3코 변형 구슬뜨기'와 같은 방법으로 긴뜨기 2코를 뜬다.

한길긴뜨기 교차뜨기

1

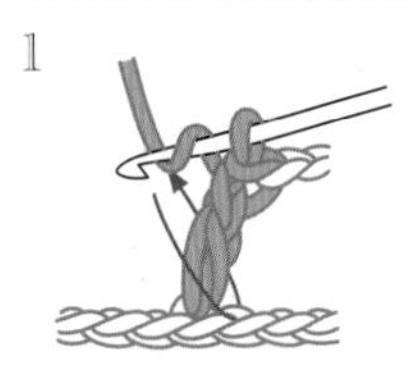

한 코 앞에 한길긴뜨기를 하고 바늘에 실을 걸어 먼저 한길긴뜨기한 코의 뒤코에바늘을 넣는다.

2

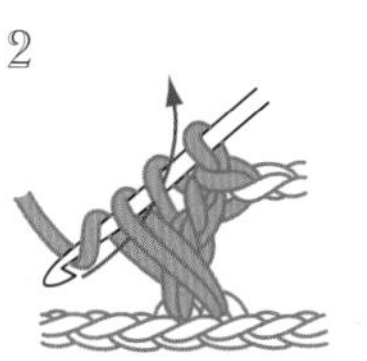

바늘에 실을 걸어서 빼고 한길긴뜨기를 한다.

3

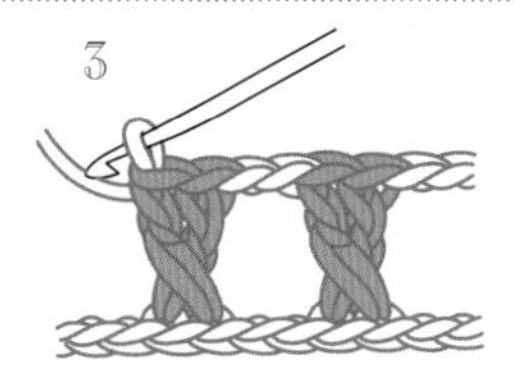

먼저 뜬 코를 나중에 뜬 코로 감싸서 뜬다.

짧은뜨기 앞걸어뜨기

1

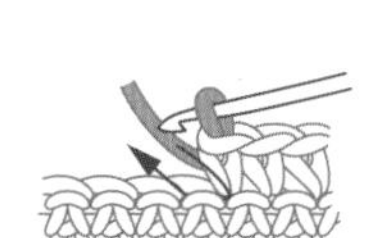

화살표와 같이 바늘을 넣어서 아랫단의 다리를 줍는다.

2

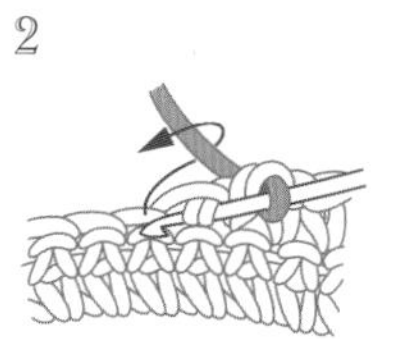

3

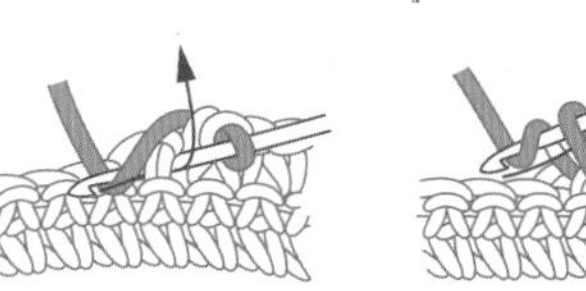

바늘에 실을 걸어서 짧은뜨기보다 길게 실을 뺀다.

4

5

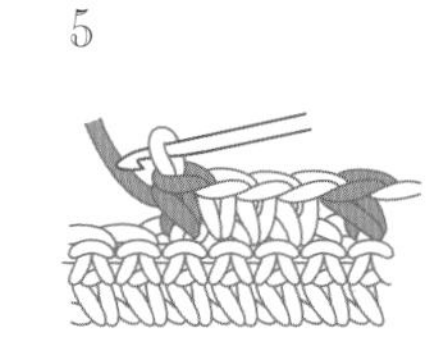

짧은뜨기와 같은 방법으로 뜬다.

한길긴뜨기 앞걸어뜨기

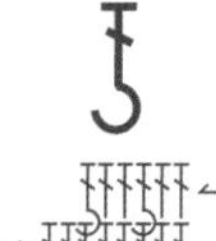

1

바늘에 실을 걸어서 화살표와 같이 아랫단의 다리를 줍는다.

2

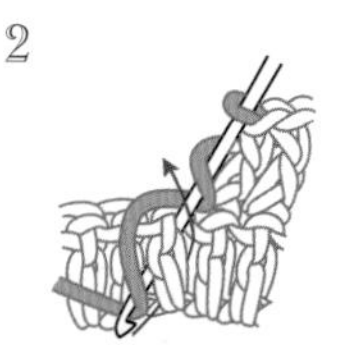

바늘에 실을 걸어서 실을 길게 뺀다.

3

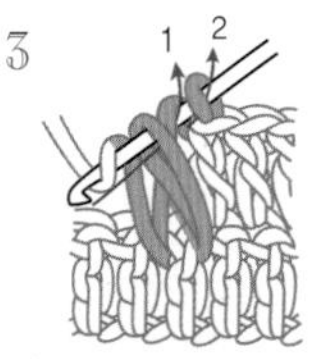

한길긴뜨기와 같은 방법으로 뜬다.

4

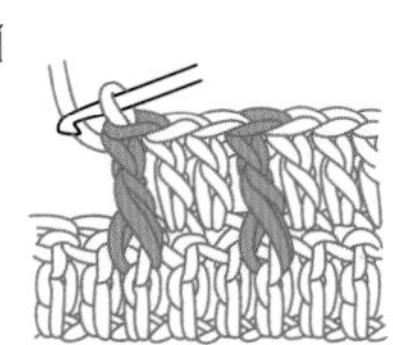

완성.

한길긴뜨기 뒤걸어뜨기

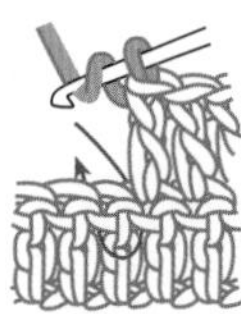

바늘에 실을 걸어서 화살표와 같이 아랫단의 다리를 주워 한길긴뜨기를 한다.

{ 시작코 }

• 사슬뜨기로 시작코를 만들어서 뜨는 방법

(사슬코 반코와 사슬코 뒤쪽의 코산을 줍는 방법)

1 2

사슬코의 한쪽 실과
뒤쪽 코산의 실 한 가닥씩을 함께 줍는다.

3 4

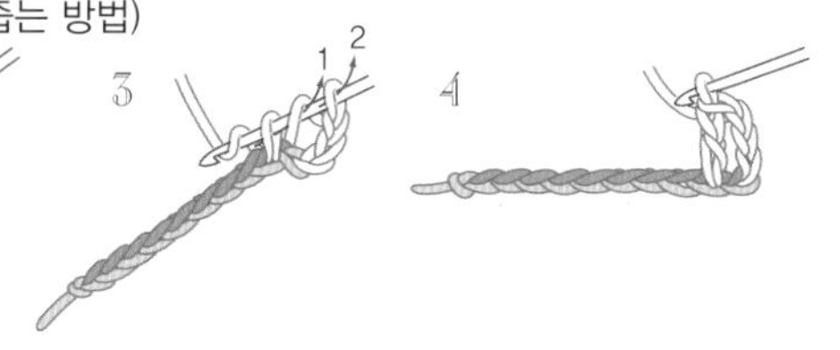

(사슬코 뒤쪽의 코산만 줍는 방법)

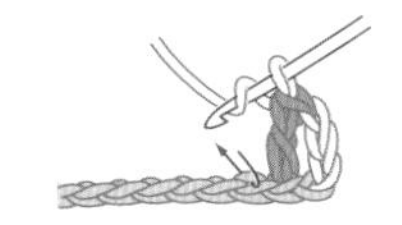

시작코의 사슬 모양이 예쁘게 나온다.

• 원형 시작코(한 번 감기)

1

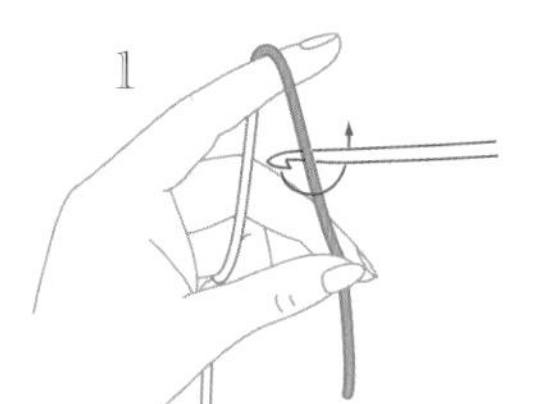

2

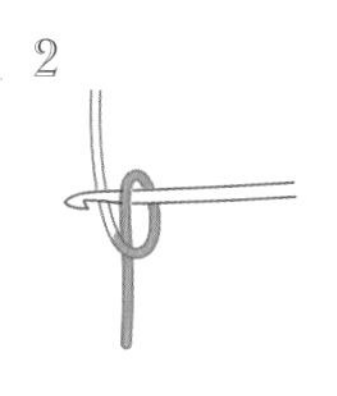

3

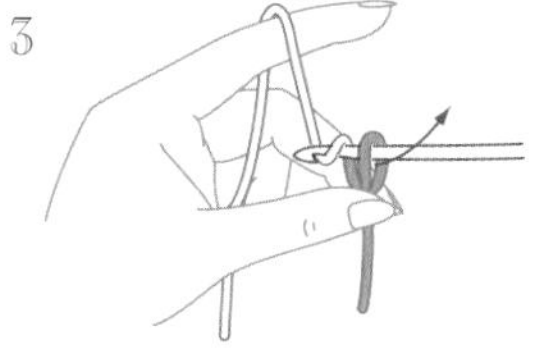

바늘에 실을 걸어서
화살표와 같이 실을 빼낸다.

4

기둥코를
사슬뜨기한다.

5

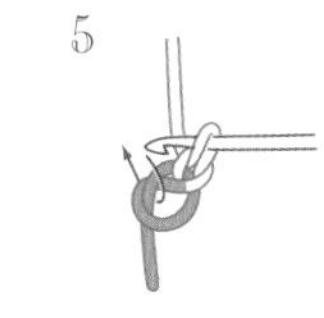

고리 사이에
넣어 뜬다.

6

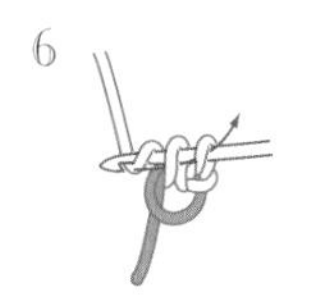

7

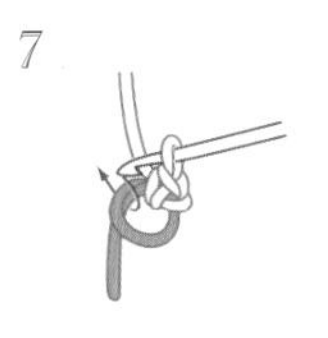

실 끝의 실도
함께 감싸서 뜬다.

8

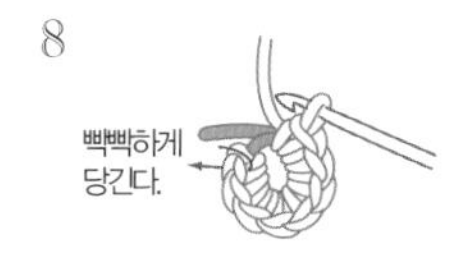

필요한 콧수를 넣어 뜨고
실 끝을 당겨 조인다.
첫코에 화살표와 같이 바늘을 넣는다.

9

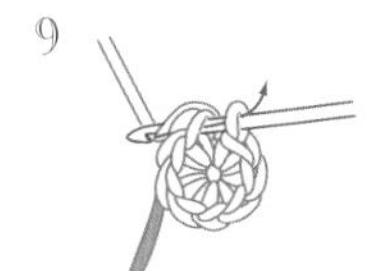

바늘에 실을
걸어서 빼낸다.

10

{ 색 바꾸기 } (원형뜨기의 경우)

1

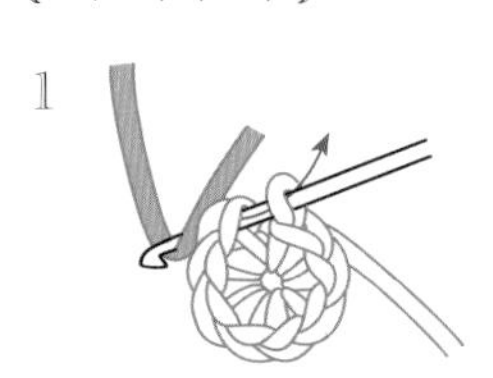

2

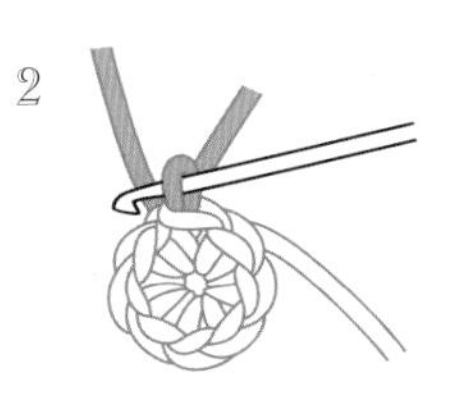

색을 바꾸기 전의 코에서 마지막 실을 뺄 때
새로운 실로 바꿔서 뜬다.

{ 실을 걸치는 방법 }

1

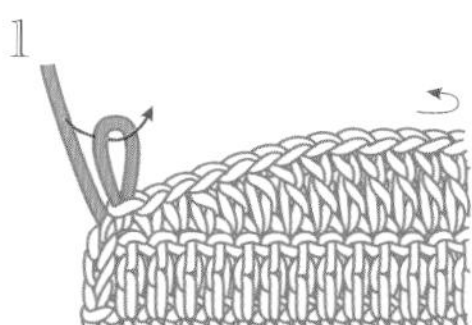

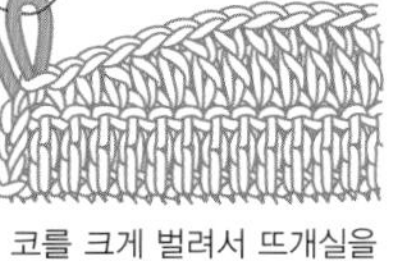

코를 크게 벌려서 뜨개실을
통과시킨 뒤 뜨개바탕을
뒤집는다.

2

느슨하게 걸친다

다음 단을 뜬다.

{ 꿰매기 / 잇기 }

감침질(코의 머리)

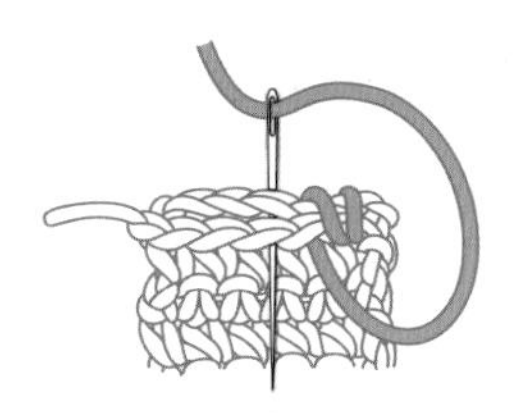

뜨개바탕을 바깥쪽끼리
마주 보게 놓고 짧은뜨기의
머리 두 개를 한 코씩 줍는다.

감침질(반코)

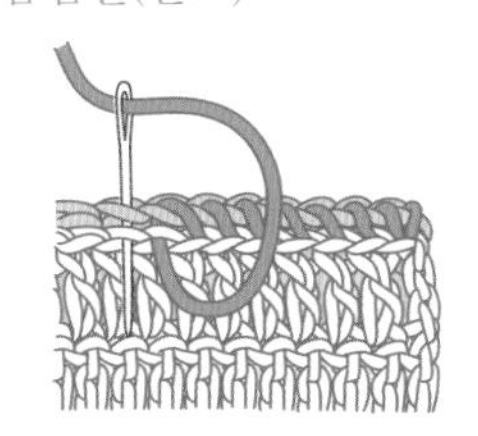

뜨개바탕을 바깥쪽끼리
마주 보게 놓고 안쪽의 반코씩
주워서 실을 당겨 조인다.

코를 주워 잇기

1

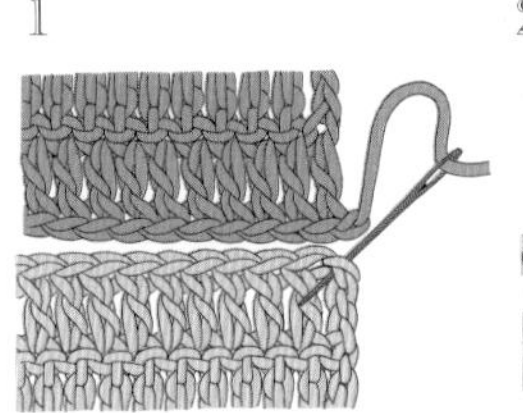

뜨개바탕의 바깥쪽이 보이게
맞대어 놓고 가장자리 코에
바늘을 넣어서 실을 빼낸다.

2

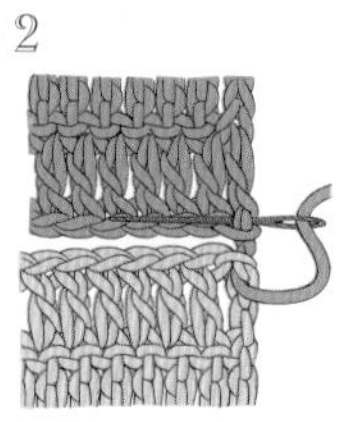

위쪽 뜨개코의
머리 아랫부분을 주워서
실을 당겨 조인다.

3

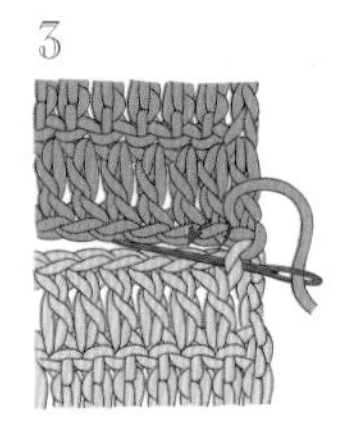

아래쪽과 위쪽을 번갈아가며
한 코씩 줍는다. 실은 코를
주울 때마다 당긴다.

작품 디자인

아오키 에리코　이나바 유미　우노 지히로　가네코 쇼코　가와이 마유미
기도 다마미　노구치 도모코　하시모토 마유코　후카세 도모미
Knitting. RayRay　MICOTO　Little Lion

스태프

북 디자인 ………… 고토 미나코
촬영 ……………… 시미즈 나오(표지, 1~36쪽)
나카쓰지 와타루(37~91쪽)
스타일링…………… 가기야마 나미
헤어&메이크업…… 시모나가타 료키
모델 ……………… Tehhi
도안 ……………… 누마모토 야스요(40~91쪽)
다이라쿠 사토미시로쿠마공방
편집 ……………… 나가타니 지에(리틀버드)
편집 데스크 ……… 아사히신문출판 생활 · 문화편집부(모리 가오리)

의상 협찬

● H Product Daily Wear
TEL. 81) 03-6427-8867
3, 13쪽 바지 / 4, 16, 25, 26쪽 바지 / 18, 28쪽 원피스 /
26쪽 티셔츠(Hands of creation)

● mt. Roots
TEL. 81) 092-533-3226
표지의 셔츠와 치마 / 4, 16, 24, 25쪽 셔츠 / 32쪽 원피스(Veritecoeur)

●CLASKA Gallery & Shop "DO"
TEL. 81) 03-3719-8124
15, 20, 35쪽 코트 / 15, 35쪽 티셔츠 / 20쪽 원피스 /
34쪽 코트, 티셔츠(HAU)

● KMD FARM
TEL. 81) 03-5458-1791
3, 13쪽 블라우스 / 6, 7, 22쪽 원피스 / 9, 10, 11쪽 원피스 /
15, 35쪽 반바지(nesessaire)

소품 협찬

AWABEES
TITLES

실, 재료

하마나카 주식회사
우 616-8585 일본 교토시 우쿄구 하나조노야부노시타초 2-3
TEL. 81) 075-463-5151
http://www.hamanaka.co.jp info@hamanaka.co.jp

인쇄물이므로 작품 색상이 실물과 조금 다를 수 있습니다.

스타일리시한 코바늘 손뜨개 디자인 30
에코안다리아로 만드는 모자와 가방

초판 1쇄 발행　2019년 8월 15일
초판 2쇄 발행　2020년 5월 30일

지은이　아사히신문출판
옮긴이　김한나
감　수　박강혜
펴낸이　임현석

펴낸곳　지금이책
주소　경기도 고양시 일산서구 킨텍스로 410
전화　070-8229-3755
팩스　0303-3130-3753
이메일　now_book@naver.com
홈페이지　jigeumichaek.com
등록　제2015-000174호

ISBN　979-11-88554-25-6 (13590)

이 도서의 국립중앙도서관 출판예정도서목록(CIP)은 서지정보유통지원시스템 홈페이지(http://seoji.nl.go.kr)와 국가자료공동목록시스템(http://www.nl.go.kr/kolisnet)에서 이용하실 수 있습니다.
(CIP제어번호: CIP2019027583)